KATHARINA SCHLEGL-KOFLER

Der 6-Stufen-Plan

HUNDEERZIEHUNG

Das erfolgreiche Training
ab dem 1. Jahr

Erziehen mit Erfolgsgarantie

Zum Nachschlagen

Umschlagklappen

Trainingsprogramm für Stufe 1

Trainingsprogramm für Stufe 2

Trainingsprogramm für Stufe 3

Trainingsprogramm für Stufe 4

Trainingsprogramm für Stufe 5

Trainingsprogramm für Stufe 6

QUALITÄTS
G|U
GARANTIE

DIE GU-QUALITÄTS-GARANTIE

Wir möchten Ihnen mit den Informationen und Anregungen in diesem Buch das Leben erleichtern und Sie inspirieren, Neues auszuprobieren. Bei jedem unserer Produkte achten wir auf Aktualität und stellen höchste Ansprüche an Inhalt, Optik und Ausstattung. Alle Informationen werden von unseren Autoren und unserer Fachredaktion sorgfältig ausgewählt und mehrfach geprüft. Deshalb bieten wir Ihnen eine 100 %ige Qualitätsgarantie.

Darauf können Sie sich verlassen:
Wir legen Wert auf artgerechte Tierhaltung und stellen das Wohl des Tieres an erste Stelle. Wir garantieren, dass:
- alle Anleitungen und Tipps von Experten in der Praxis geprüft und
- durch klar verständliche Texte und Illustrationen einfach umsetzbar sind.

Wir möchten für Sie immer besser werden: Sollten wir mit diesem Buch Ihre Erwartungen nicht erfüllen, lassen Sie es uns bitte wissen! Nehmen Sie einfach Kontakt zu unserem Leserservice auf. Sie erhalten von uns kostenlos einen Ratgeber zum gleichen oder ähnlichen Thema. Die Kontaktdaten unseres Leserservice finden Sie am Ende dieses Buches.

GRÄFE UND UNZER VERLAG
Der erste Ratgeberverlag – seit 1722.

Artgerecht erziehen
mit Erfolgsgarantie

Wer möchte das nicht – einen gut erzogenen Hund, der seine Menschen entspannt durch den Alltag begleitet. Eine solide Grunderziehung von klein auf hat die Basis geschaffen. Nun hilft das Aufbautraining, den Vierbeiner fit für alle möglichen Unternehmungen, Begegnungen und Herausforderungen des täglichen Zusammenlebens mit seinen Zweibeinern und der Umwelt zu machen. Das erspart dem Hund, aber auch seinem Menschen so manchen Stress. Gemeinsames Training hält dazu Hund und Mensch zusammen, fordert das Hundegehirn und macht allen Beteiligten Spaß!

Entspannt durch den Alltag

Die meisten Vierbeiner sind »hauptberuflich« Familienhund. Aber auch solche mit echtem Job, etwa als Jagdhund oder im Hundesport, verbringen den größten Teil ihres Lebens im Familienalltag. Mit den hier beschriebenen Übungen lernt der Hund viele Alltagssituationen entspannt und ausgeglichen zu meistern – sowohl zu Hause wie unterwegs. Das vermeidet diverse Konflikte und verschafft dem Hund mehr Freiheit.

Die Übungen

Wichtig ist es, systematisch zu trainieren und Anforderungen allmählich zu steigern. Der 6-Stufen-Plan hilft Ihnen, die Übungen Schritt für Schritt aufzubauen. Wie rasch Sie vorgehen, hängt von verschiedenen Faktoren ab. Zum einen von der Zeit, die Sie haben, und von Ihrer Genauigkeit. Zum anderen davon, welcher Typ Ihr Vierbeiner ist. So kann manches Ziel etwa mit einem ruhigen, kooperativen Hund schneller erreicht werden als mit einem eigenständigen Energiebündel. Passen Sie das Trainingstempo also individuell an und lassen Sie sich und dem Hund genug Zeit. Wichtig ist nicht, dass die Übung ruck, zuck erledigt ist, sondern dass sie zuverlässig klappt, bevor sie schwerer wird. Zu jeder Übung in diesem Ratgeber finden Sie verschiedene Rubriken.
Zum Einstieg gibt es wichtige Tipps für die Übung.
Gezielt üben: Wie Sie die Übung in gezielten Situationen aufbauen und festigen.
Umsetzung im Alltag: Beispiele zeigen, wie Sie das Gelernte in den Alltag übertragen und vertiefen können.
Üben mit anderen Hunden: Beispiele für Übungen, die Sie mit anderen Hundebesitzern trainieren können. So vermeiden Sie, dass Ihr Vierbeiner nur auf Sie hört, solange kein anderer Hund in Sicht ist. Treffen mit befreundeten Hunde-

haltern dienen ab sofort also nicht mehr nur dem gemütlichen Plausch beim Spiel der Vierbeiner. Doch Sie werden feststellen, dass auch gemeinsames Üben Freude macht.
Wenn es nicht klappt: Diese Rubrik gibt Hinweise auf mögliche Fehlerquellen, die Ursachen für Probleme sein können.

Ein paar wichtige Voraussetzungen

Ihr Vierbeiner ist nun den Kinderschuhen entwachsen, und Sie haben sicher viel Zeit und Engagement aufgewendet, um ihm Grundregeln des Zusammenlebens zu vermitteln und den Grundgehorsam zu trainieren. Doch manchmal lässt das Gelernte mit der Zeit etwas nach, es können sich unbewusst Fehler einschleichen, oder man nimmt es mit den Übungen nicht mehr so genau. Deshalb gibt es an dieser Stelle noch etwas Theorie zur Auffrischung.

Nur im Team erfolgreich

Das Training mit dem Vierbeiner klappt nur dann optimal, wenn die Mensch-Hund-Beziehung stimmt und beide sich gut verstehen. Das heißt, der Hund respektiert seinen Menschen vertrauensvoll als Teamleiter, und er »sieht ein«, was der Mensch von ihm möchte. Wer vom Welpenalter an systematisch daran gearbeitet hat, hat nun einen Hund, der sich seinem Menschen gegenüber meist aufmerksam zeigt. Auch die Zeit der Pubertät, vor der so mancher Hundebesitzer schon fast Angst hat, hat man dann gewiss ohne große Probleme hinter sich gebracht. Aber selbst dann, wenn es hier und da noch etwas hakt, lässt sich jetzt noch vieles verbessern. Oft reichen bereits ein paar Veränderungen im eigenen Verhalten, und schon reagiert der Hund anders. Souveränität und eine Kommunikation, die der Hund versteht, sind zwei »Zaubermittel«, die wesentlich für eine gute Beziehung sind. Mehr dazu finden Sie auf den Seiten 11 und 18.

INFO

Klare Worte

Wird der Hund mit Worten überschüttet, reagiert er bald nicht mehr auf Ihre Stimme. Betonen Sie stattdessen die Hörzeichen gut und vermeiden Sie wortreiche Umschreibungen. Sagen Sie »Sitz« statt »Mach mal ein schönes Sitz«. Variieren Sie im Tonfall zwischen Lob, Anweisung und Tadel. Vermeiden Sie, vor jedem Hörzeichen den Namen zu sagen, sonst registriert der Hund Bellositz, Bellohier. Das kostet beim Befolgen der Anweisung wertvolle Zeit und macht es ihm schwer, die Hörzeichen zu unterscheiden. Ausnahme: Haben Sie mehrere Hunde, nennen Sie, wenn nur einer gemeint ist, den Namen und nach kurzer Pause das Hörzeichen.

Wann ist die Ausbildung des Hundes beendet?

Manche Hundebesitzer fragen, wann man denn mit der Erziehung und Ausbildung des Hundes fertig sei. Aber diese Frage lässt sich nicht so einfach beantworten. Fertig in dem Sinn, dass man gar nichts mehr mit dem Vierbeiner tun muss, ist man eigentlich nie. Denn alles, was man ihm beibringt und was der Hund kann, muss auch am Köcheln gehalten werden. Diese zunächst ernsthaften Vorsätze werden aber nicht selten vom »inneren Schweinehund« torpediert. Besonders gefährdet sind Familienhundehalter. Denn im Gegensatz zu gezielten Ausbildungen wie Rettungshund, Apportierarbeit usw. »droht« hier nie eine Prüfung, in der Mensch und Hund ihr Können unter Beweis stellen müssen.

Die Sache mit der Konsequenz

Lässt man allmählich vieles schleifen und wird lasch, wird so manche Übung in Situationen, in denen es wichtig wäre, nicht mehr funktionieren. Hier zwei alltägliche Beispiele: Obwohl man das eigentlich anders geübt hatte, darf der angeleinte Hund nach seinen intensiven Bemühungen letztlich doch einen anderen angeleinten begrüßen. Oder man trifft unterwegs jemanden zum kleinen Plausch und möchte seinen Hund währenddessen neben sich ins Platz legen. Der aber untersucht gerade eine interessante Duftmarke und hat die Ohren auf Durchzug geschaltet. So heißt es ein paar Mal wirkungslos »Platz«. Der Mensch gibt auf und wendet sich wieder dem Gesprächspartner zu. Die Konsequenz geht also häufig flöten. Wenn es dann aber wirklich wichtig wäre, dass der Vierbeiner gehorcht, es aber nicht tut, ist der Zweibeiner sauer auf seinen »ungehorsamen« Hund. Der kann aber gar nichts dafür, gilt womöglich sogar als »dominant«. Hier muss sich jedoch der Zweibeiner an die eigene Nase fassen.

Wenn Sie dagegen das Niveau halten, dann automatisiert sich im Lauf des Zusammenlebens mit dem Hund vieles, was sehr angenehm ist. Meine Hündin habe ich zum Beispiel konsequent jedes Mal bei Fuß genommen, wenn ein Radfahrer unseren Weg kreuzte. Mittlerweile ist sie 11 Jahre und kommt schon lange oft von allein an meine Seite, sobald sich ein Radfahrer von vorn oder hinten nähert – manchmal sogar schon dann, wenn ich ihn noch gar nicht bemerkt habe. Sehr praktisch. Also immer schön dranbleiben, es lohnt sich!

Genauigkeit macht sich bezahlt

Auch das genaue Arbeiten ist dauerhaft wichtig. So ist es beispielsweise Sinn der Sache, dass der Hund immer nahe zu Ihnen kommt, wenn Sie ihn mit Ihrem Komm-Signal rufen, und dann auch so lange bei Ihnen bleibt, wie Sie das wollen.

Doch oft wird man diesbezüglich nachlässig. Es reicht dann schon, wenn der Hund auf Ruf einigermaßen in die Nähe kommt, wo er dann aber natürlich meist nicht bleibt. Oder er kommt, holt sich seine Belohnung und ist im nächsten Moment schon wieder weg.

Zum Thema Genauigkeit gehört auch, jede Übung am Ende wieder aufzulösen. Entweder folgt eine neue Übung, oder es kommt ein Freigabesignal (zum Beispiel »Fertig«), wenn weiter nichts mehr geübt wird. Letzteres bedeutet aber nicht, dass der Hund nun laufen darf und abgeleint werden muss, sondern nur, dass er jetzt beispielsweise nicht mehr sitzen muss, sondern aufstehen, sich wälzen oder eben laufen kann. Aber auch das Auflösen einer Übung verabschiedet sich im Alltag nicht selten. Dann beendet logischerweise der Vierbeiner irgendwann die Übung selbst. Eine typische Situation: Während des Essens soll der Hund auf seiner Decke oder un-ter dem Tisch liegen bleiben. Er bekommt das entsprechende Signal, die Familie isst, anschließend stehen alle auf. Und der Vierbeiner? Klar, der bleibt natürlich nicht ewig liegen, sondern geht irgendwann. In manch anderer Situation kann das sehr ungünstig sein. Denken Sie also immer daran, jede Übung zu beenden (→ Info, Seite 17). Auch dem Hund zuliebe, denn sonst fehlt ihm eine klare Orientierung.

So versteht Sie Ihr Hund

Unser Vierbeiner lernt auf unterschiedliche Art und Weise. Hier die wichtigsten Punkte:

Operante Konditionierung: Was dem Hund nützt, wird er wieder tun. Was ihm nichts oder eine negative Erfahrung bringt, wird er lassen. Ein Vorteil kann ein leckerer Happen als Belohnung sein, aber auch die Vermeidung einer negativen Erfahrung (→ Die richtige Belohnung macht's, Seite 10).

Eine »mitreißende« Geste samt festem Hörzeichen signalisiert dem Hund, dass die Trainingseinheit beendet ist.

9

Klassische Konditionierung: Hört oder sieht der Hund ein bestimmtes Hör- bzw. Sichtzeichen in dem Moment, in welchem er ein Verhalten zeigt, und für das er belohnt wird, verknüpft er beides. Hat der Hund Verhalten und Signal verknüpft, können Sie das konditionierte Verhalten mit dem entsprechenden Hör- oder Sichtzeichen auslösen.

Bitte beachten! Wird ein konditioniertes Hör- oder Sichtzeichen dauerhaft nicht mehr belohnt, erlischt es mit der Zeit. Nimmt Ihr Hund etwa auf »Schau« Blickkontakt zu Ihnen auf, wird er das nur tun, solange ihm das zumindest immer mal wieder etwas bringt.

Generalisierung: Haben Sie eine neue Übung zu Hause trainiert, müssen Sie sie nun an unterschiedlichen Stellen und in verschiedensten Situationen einüben, damit der Hund sie überall zuverlässig beherrscht. Beispiel: Als einzige Bleib-Übung lassen Sie den Hund nach dem Spaziergang immer vor der Haustür sitzen, um ein Handtuch zum Pfotenputzen zu holen. Was er auch brav macht. Lassen Sie ihn aber im Wald sitzen und gehen außer Sichtweite, läuft er Ihnen nach. Denn er hat das Bleiben nur ortsbezogen gelernt.

Lernen durch Gewöhnung: Werden Reize für den Hund etwas Normales, reagiert er nicht mehr darauf. Wächst ein Hund etwa in der Großstadt auf, läuft er entspannt – trotz der vielen Menschen, unterschiedlichsten Gerüche und Geräusche – durch die Stadt. Er ist daran gewöhnt. Ein Vierbeiner, der nur hin und wieder in die Stadt kommt, reagiert dort dagegen oft längere Zeit immer wieder aufgeregt.

Die richtige Belohnung macht's

Klar – für braves Verhalten gibt es eine Belohnung! Das kann beispielsweise Futter sein, ein Spielzeug, Streicheleinheiten oder Ihre lobende Stimme. Aber ebenso auch Ihre uneingeschränkte Aufmerksamkeit oder etwas, dass der Hund jetzt gern tun würde. Selbst das Vermeiden einer unangenehmen Empfindung kann belohnend sein. Probieren Sie aus, was für Ihren Vierbeiner in welcher Situation das ultimative Highlight ist. Hier einige Beispiele:

Beispiel 1: Der Vierbeiner ist unter Ablenkung an Ihrer Seite sitzen geblieben. Ein Happen oder ruhiges Streicheln ist am Ende der Übung die Belohnung.

Beispiel 2: Ihr Hund ist aus dem Spiel mit Artgenossen auf Ruf sofort gekommen. Sie ziehen sein Lieblingsspielzeug aus der Tasche und machen ein Zerrspiel mit ihm.

Oft wird der Hund ungewollt belohnt. Lässt man sich etwa zu einer Duftmarke zerren, lernt er: Zerren bringt Erfolg.

Checkliste

Körpersprache

Neben der Konditionierung spielt auch die Kommunikation über unsere Körpersprache eine große Rolle, weil der Hund sie sehr gut deuten kann. Gerade auch für Situationen, in denen Sie von Ihrem Hund keine Ausführung einer bestimmten Übung verlangen, ist sie sehr nützlich. Hier einige Beispiele:

Deutlich und ohne Worte

- Wenn Sie entschlossen losgehen und nach vorne blicken, folgt Ihnen Ihr Hund eher, als wenn Sie zögerlich gehen und schauen, ob er auch wirklich kommt.
- Stellen Sie sich frontal vor ihn, dazu mit ausgebreiteten Armen, verhindern Sie, dass er weitergeht.
- Gehen Sie ernst und entschlossen auf ihn zu, weicht er zurück. Oder hört, je nach Situation, mit dem auf, was er gerade Unerwünschtes tut.
- Gehen Sie entspannt rückwärts und mit etwas zur Seite gedrehtem Körper vom Hund weg, geben Sie ihm Raum und wirken Sie einladend.
- Wenn Sie mit entspannter Körperhaltung und freundlicher Mimik auf Ihren Hund zugehen, sieht er das positiv.
- Blickkontakt wirkt in Verbindung mit freundlicher Körperhaltung positiv. Bei einer ruhigen Übung wie »Platz« oder »Bleib« kann er bei ungeduldigen Vierbeinern eine unerwünschte Erwartungshaltung fördern. Dann direkten Blickkontakt besser vermeiden.

- Ernster oder gar bedrohlicher Blickkontakt wirkt in Verbindung mit der entsprechenden Körperhaltung negativ auf den Hund. Dieser wendet den Blick ab oder geht weg.
- Wenn Sie ihn rufen und sich gleichzeitig entfernen, wird Ihr Vierbeiner schneller kommen, als wenn Sie rufen, mit hängenden Schultern stehen bleiben und warten.
- Trödelt der Hund vor Ihnen, können Sie ihn »beschleunigen«, indem Sie flott von hinten auf ihn zugehen.
- Sagen Sie beispielsweise »Sitz«, setzt Ihr Vierbeiner sich bereitwilliger, wenn Sie aufrecht stehen, als wenn Sie sich zu ihm hinunterbeugen.
- Schauen Sie konzentriert in eine bestimmte Richtung oder auf eine bestimmte Stelle, wird Ihr Hund das auch tun. Das kann helfen, um ihn von etwas anderem abzulenken.

Bitte immer beachten

- Die Dosierung der Körpersprache muss auf die Sensibilität des Hundes abgestimmt werden. Manche reagieren schon auf feine Signale, manche erst auf deutlichere.
- Setzen Sie Ihre Körpersprache bewusst und richtig ein.
- Hektik beim Einsatz der Körpersprache ist genauso ungünstig wie Passivität.
- Wenn Sie in manchen Situationen die Stimme dazu kombinieren, muss auch sie zur Körpersprache passen: einladende Körpersprache + freundliche Stimme; motivierende Körpersprache + spannende Stimme (etwa um die Aufmerksamkeit des Hundes auf Sie oder von etwas abzulenken); korrigierende Körpersprache + ernste Stimme (beispielsweise »Gscht«, »Nanana«, Knurren oder tiefes Räuspern).

Checkliste

Training

Zwei Grundvoraussetzungen sind für das erfolgreiche Training wichtig. Damit den Vierbeiner in der Ausbildung alltägliche Situationen nicht stressen, sollte er gut mit seiner Umwelt und Menschen sozialisiert sein. Denn unter Stress kann der Hund nicht wirklich lernen.

Und die Hund-Mensch-Beziehung muss stimmen. Die besten Voraussetzungen haben Sie, wenn Ihr Vierbeiner sich Ihnen gegenüber grundsätzlich aufmerksam zeigt. Das heißt auch, dass Sie ihn in geeignetem Gelände frei laufen lassen können und er weitgehend von selbst in Ihrer Nähe bleibt. Wenn Sie darüber hinaus die folgenden Punkte beachten, macht das Training Ihnen und Ihrem Vierbeiner großen Spaß – versprochen!

Trainingsregeln

- Üben Sie nur, wenn Sie genügend Zeit haben und gelassen sind.
- Beginnen und beenden Sie das Training mit einer gelungenen Übung.
- Überlegen Sie vorher, was genau Sie üben möchten, und beugen Sie möglichen Fehlerquellen vor.
- Vergessen Sie das Auflösen nicht, falls einer Übung keine weitere folgt (→ Seite 17).
- Bauen Sie Übungen Schritt für Schritt auf. So vermeiden Sie eine Überforderung des Hundes.

Beispiel 3: Sie haben den Vierbeiner abgelegt und gehen ein Stück weg von ihm. Ist er lange genug liegen geblieben, kehren Sie zu ihm zurück. Da es Hunden lieber ist, wenn Ihr Mensch bei ihnen ist, reicht Ihr Zurückkommen als Belohnung.

Beispiel 4: Auf dem Spaziergang achtet der Hund nicht auf Sie und läuft zu weit voraus. Sie verstecken sich. Irgendwann merkt er das und bekommt »Nervenflattern«. Er sucht Sie, findet Sie von selbst und ist erleichtert. Bei ihm stellt sich Freude ein, das unangenehme »Nervenflattern« wird er los. Das allein ist seine Belohnung!

Beispiel 5: Der Hund soll abgeleint werden und frei laufen (was er liebt). Sie lassen ihn sitzen, leinen ihn ab und fordern Blickkontakt. Er schaut Sie an, und noch währenddessen (!) kommt Ihr Auflösungssignal, und er darf loslaufen. Das ist seine Belohnung! Er braucht kein Extra-Leckerchen.

Beispiel 6: Der Vierbeiner soll an einer Stelle ein paar Meter von Ihnen entfernt sitzen bleiben. Er steht jedoch auf, weil vor ihm etwas gut riecht. Sie gehen forsch und mit einem »bösen« Räuspern auf ihn zu. Er weicht zurück und sitzt wieder. Die »Bedrohung« hört sofort auf, und Sie gehen entspannt ein paar Schritte rückwärts. Das ist die Belohnung.

Beispiel 7: Obwohl der Vierbeiner »Platz« an Ihrer Seite beherrscht, hat er nicht immer genug Geduld und steht zu früh auf. Sie legen ihn ins Platz, stellen dann einen Fuß so auf die Leine, dass er maximal unbequem sitzen kann. Da das Aufstehen für ihn unbequem wird, entscheidet sich der Vierbeiner bald für bequemes Liegen und kann so die unangenehme Empfindung abstellen. Das allein ist seine Belohnung!

Wann belohnen? Grundsätzlich wird immer direkt im Anschluss an das erwünschte Verhalten belohnt. Das bedeutet: Das Timing muss stimmen. Das gilt für Situationen, die den genannten Beispielen 1, 2, 5 und 6 entsprechen. Bei Beispiel 4 hat der Hund es sozusagen selbst in der Hand. Er muss nur

Anschluss halten. Bei Beispiel 3 ergibt sich die Belohnung aus dem Übungsablauf.

Immer belohnen? Bekommt der Hund für jede noch so kleine Übung oder einfach so eine Belohnung, wirkt diese mit der Zeit nicht mehr (gilt auch für verbales Lob!). Sobald er etwas zuverlässig kann, wird er deshalb nur noch ab und zu belohnt. Oder für besondere Leistungen, etwa Kommen unter hoher Ablenkung. Dafür gibt es gleich mehrere Happen auf einmal. Nicht einzeln, denn dann wäre zum einen der Kick weg, und zum anderen verginge zu viel Zeit zwischen dem zu belohnenden Verhalten und dem letzten Happen.

Wechselnde Belohnungen: Bei vierbeinigen »Fressmaschinen«, die jeden Happen super finden, muss man nicht viel variieren. Bei Hunden mit unterschiedlichen Vorlieben ist das aber nützlich. Auch bei mäkeligen oder schwer aus der Reserve zu lockenden Vierbeinern sind wechselnde Belohnungen ratsam. So können einfache Dinge mit einfachen Happen belohnt werden. Übungen, die gerade einen Schwerpunkt im Training bilden oder noch besonders gefestigt werden müssen, bekommen mit besonders leckeren Happen oder einem heiß geliebten Spielzeug (das auch nur dafür verwendet wird) einen besonderen Reiz.

Vorsicht Falle! Hunde sind Cleverchen und haben ihren Menschen schnell im Griff. Deshalb aufgepasst:

▶ Ihr Hund ist nur dann kooperativ, wenn Sie die Belohnung schon in der Hand haben? Er hat Sie gut trainiert! Dann lässt er sich nämlich von Ihnen bestechen, nicht belohnen.

▶ Belohnen Sie nichts, was Sie nicht fördern möchten! Angenommen, Ihr Hund fordert Sie kläffend zum Spiel auf: Schon ein Blick von Ihnen wäre dann eine Belohnung!

▶ Nur ruhiges, langsames Streicheln ist Belohnung. Aber Vorsicht, manche Hunde werden auch schon durch ruhiges Streicheln unruhig. Dann reicht die ruhige Stimme als Lob.

Erst wenn der Vierbeiner Blickkontakt aufnimmt, kommt die Starterlaubnis. Sie belohnen gleichzeitig den Blickkontakt.

Hat Ihr Hund Sie gefunden, gehen Sie ohne zusätzliches Lob weiter. So lernt er, besser aufzupassen, wohin Sie gehen.

Bei den »Bleib«-Übungen bleibt der Hund an ein und derselben Stelle, während der Mensch weggeht und ihn auch umkreist.

Das sollte Ihr Hund schon können

In diesem Ratgeber geht es um weiterführende Übungen für Ihren Vierbeiner. Dafür braucht er Vorkenntnisse, genauer gesagt eine Grunderziehung. Sein Alter spielt keine Rolle. Basics der Erziehung kann ein Vierbeiner bereits mit acht Monaten intus haben, aber auch erst mit drei Jahren oder später. Hier finden Sie die Übungen, die Ihr Hund ohne große Ablenkung beherrschen sollte – und kurz beschrieben, wie der Weg dorthin führt:

1 »Sitz«

Ein Happen über seinen Kopf gehalten, animiert den Hund, sich zu setzen. Gleichzeitig (nicht vorab) kommt Ihr Signal »Siiitz«. Nach ein paar Tagen setzt sich der Hund auf »Siiitz«. Belohnt wird er zunächst in dem Moment, in dem er sitzt. Danach allmählich nach immer längerem Sitzen.

2 Bei Fuß sitzen

Befindet der Hund sich momentan vor Ihnen, leiten Sie ihn mit »Fuuuß« und einem Happen vor der Schnauze an Ihrer Fuß-Seite vorbei nach hinten und nun in einem kleinen Bogen nach innen an Ihr Bein. Dort angekommen, heißt es »Sitz«, und er wird belohnt. Ist er gerade hinter Ihnen, leiten Sie ihn mit dem Happen einfach ein Stück nach vorne an Ihre Seite. Der Happen ist in der linken Hand, wenn Sie den Hund links bei Fuß führen.

3 »Platz«

Aus dem Sitzen führen Sie ein Leckerchen vor der Schnauze des Hundes gerade nach unten. Legt sich der Hund ins Platz, kommt Ihr »Plaaatz«, und er wird belohnt. Anschließend lassen Sie ihn wieder sitzen. Sobald er sich auf das Hörzeichen ins Platz legt, wird er erst nach längerem Liegenbleiben wieder belohnt.

4 Bleiben im Sitzen und im Platz

Sobald der Hund in beiden Positionen, also im Sitzen und im Platz, eine Zeit lang ruhig an Ihrer Seite bleibt, beginnen Sie, sich zu entfernen. Immer wird zunächst die Zeitspanne gesteigert, dann wieder die Entfernung. Anfangs stellen Sie sich mit dem Signal »Bleib« direkt vor den Hund. Vergrößern Sie nach und nach den Abstand zum Hund und bewegen Sie sich vor dem Vierbeiner hin und her und um ihn herum. Aus dem Sitz wird der fortgeschrittene Hund hin und wieder gerufen, aus dem Platz und anfangs auch aus dem Sitzen immer abgeholt. Das heißt, Sie gehen zum Hund zurück und beenden dort das Bleiben etwa mit dem Signal »Jetzt lauf« oder »Fertig«.

»Bei Fuß« läuft der Hund an immer derselben Seite, also immer rechts oder immer links und dicht am Bein seines Menschen.

5 Bleiben außer Sicht

Gehen Sie für kurze Zeit – und nicht zu weit weg – außer Sicht Ihres Hundes. Er muss währenddessen an der ihm zugewiesenen Stelle liegen bleiben.

6 »Schau«

Animieren Sie den Hund etwa mit Zungenschnalzen, Sie anzuschauen. Jetzt sagen Sie »Schau« und belohnen ihn. Nimmt er auf »Schau« Blickkontakt auf, wird die Dauer der Übung (anhaltender Blickkontakt) ausgedehnt.

7 Leinenführigkeit

Sobald sich die Leine zu straffen beginnt, bleiben Sie stehen. Erst wenn der Hund sich so verhält, dass die Leine locker ist, gehen Sie weiter. Oder Sie drehen sich um 180 Grad und wechseln so die Richtung.

8 Bei Fuß gehen

Führen Sie den Hund beispielsweise links bei Fuß (es muss immer dieselbe Seite sein), halten Sie einen Happen in der linken Hand, die Leine etwas durchhängend in der rechten. Sobald der Hund am Happen »klebt«, gehen Sie los, die Hand mit dem Happen bleibt auf Höhe Ihres Beins. Der Hund leckt am Happen, bekommt ihn aber noch nicht ganz. Sie gehen anfangs eine kurze Strecke, dann allmählich länger. Am Ende bleiben Sie stehen, der Hund sitzt und bekommt den Happen. In der nächsten Stufe bleibt die Hand mit dem Happen an oder in Ihrer Jackentasche. Geht der Hund einige Schritte aufmerksam, geben Sie ihm den Happen und lassen ihn sitzen. Allmählich wird auch hier die Wegstrecke ausgedehnt. Wichtig ist, dass der Hund immer aufmerksam läuft (rechtzeitig belohnen!), nicht etwa mit der Nase am Boden.

9 »Hier«

Anfangs hält eine zweite Person den Hund fest. Sobald er das Hörzeichen »Hiiier« oder zwei kurze Pfiffe mit der Hundepfeife gelernt hat, rufen Sie ihn zunächst ohne jegliche Ablen-

»Bei Fuß« auch über längere Zeit ruhig zu sitzen, ist zwar manchmal langweilig zu üben, aber im Alltag oft nützlich.

kung. Während der Hund festgehalten wird, entfernen Sie sich mit der Belohnung in der Hand zügig wenige Meter und drehen sich zum Hund um. Er drängt zu Ihnen (eventuell mit spannender Stimme locken), wird losgelassen, und jetzt kommt Ihr »Hiiier« oder Pfeifsignal. Bei Ihnen angekommen, bekommt der Vierbeiner den Happen aus einer Hand. Gleichzeitig (!) nehmen Sie den Hund mit der anderen am Halsband. Sobald er die Übung »Sitz« beherrscht, lassen Sie ihn nach der Belohnung zum Anleinen vor sich sitzen. Dafür gibt es zunächst auch noch eine Belohnung, später nur noch nach dem Sitzen. Anschließend lassen Sie ihn, sobald er das separat gelernt hat, mit »Fuß« an Ihre Seite kommen.

Trainings-programm für Stufe 1

Wichtiges an Theorie ist schon mal aufgefrischt, nun kann es mit der Praxis losgehen! Sie brauchen nur noch Halsband, Leine, gute Laune und natürlich Ihren motivierten Vierbeiner. Und vergessen Sie nicht die leckeren Häppchen oder das Lieblingsspielzeug zum Belohnen. Damit der Hund Lust zum Üben hat, ist es wichtig, dass er nicht schon vor dem Training »platt« ist, aber auch nicht vor Energie platzt. Ein Temperamentsbolzen braucht vorher Bewegung, um überschüssige Energie loszuwerden. Für einen Hund mit weniger Temperament ist vor dem Training eher Ruhe das Richtige.

Was das Training bewirkt

Welche Vorteile das Trainieren mit dem Hund hat, haben Sie sicher schon bei der Grunderziehung erlebt. Zum einen erleichtert es das Zusammenleben. Aber auch die Beziehung zwischen Hund und Mensch wird durch die ausgiebige Kommunikation, die eine gezielte Beschäftigung mit sich bringt, eine ganz andere als bei einem Hund, der nur spazieren geführt, gefüttert und gestreichelt wird. Ein weiterer wichtiger Aspekt ist die mentale Auslastung. Denn nicht nur Bewegung, sondern vor allem auch Konzentration lastet den Vierbeiner aus. So ist Training mit dem Hund keine Gängelei, sondern trägt zu seinem Wohlbefinden bei. Allerdings nur dann, wenn es artgerecht und abwechslungsreich gestaltet wird und sich nicht etwa in stupidem Exerzieren erschöpft. Den Hund zu fördern und zu fordern, wirkt sich positiv auf seine Selbstsicherheit aus. Etwas richtig zu machen, gefällt Vierbeinern, und bei so manchem gut ausgebildeten Hund scheint es fast, als sei er sich bewusst, wie »gebildet« er ist.

Eigene Ansprüche hinterfragen

Lernen wird Ihr Hund nur das, was Ihnen wichtig ist. Denn nur wenn Sie innerlich hinter einer Übung stehen, werden Sie das auch mit Ihrer Körpersprache und Stimme ausdrücken. Und nur dann wirken Sie überzeugend auf Ihren Vierbeiner, und er kann verstehen, was Sie erwarten. Überlegen Sie daher, was Ihnen wichtig ist. Das hängt unter anderem auch davon ab, wo Sie mit Ihrem Hund unterwegs sind, welche Herausforderungen Ihnen dabei begegnen und wie Sie und Ihr Vierbeiner daraus entstehende Situationen stressfrei meistern können. Vielleicht stellen Sie aber auch erst, nachdem Sie eine Übung in Angriff genommen haben, in der alltäglichen Praxis fest, wie nützlich die Übung ist.

 INFO

Übung auflösen

Nur wenn Sie jede Übung auch wieder beenden, kann der Hund lernen, sie lange genug auszuführen. Das ist im Alltag sehr wichtig, etwa wenn der Hund im Platz abgelegt auf Sie wartet.

Beendet wird eine Übung zum einen dadurch, dass sich eine andere Übung anschließt. Ein Beispiel: Sie haben den Hund ins Platz gelegt. Nun lassen Sie ihn wieder sitzen. »Sitz« beendet automatisch das »Platz«.

Schließt sich keine weitere Übung an, wird der Hund mit einem Auflösungssignal freigegeben. Auch dazu ein Beispiel: Sie lassen Ihren Vierbeiner vor dem vollen Futternapf sitzen. Erst wenn Ihr immer gleiches Auflösungssignal kommt, etwa ein »Jetzt lauf« oder was auch immer, darf der Hund das Sitzen beenden. Er kann jetzt an den Napf, könnte aber auch etwas anderes machen, falls er keinen Appetit hat.

Unterstreichen Sie das Auflösungssignal anfangs durch eine »mitreißende« Körpersprache. Auch der Tonfall sollte motivierend sein.

Das Auflösungssignal »Jetzt lauf« kann übrigens auch dann gegeben werden, wenn der Hund angeleint ist. Viele Hundehalter meinen, bei diesem Kommando müsse der Vierbeiner unbedingt von der Leine gelassen werden. Das muss er nicht. Es bedeutet für den Hund lediglich, dass die eben ausgeführte Übung zu Ende ist und sich keine weitere anschließt.

Checkliste

Was ist souverän?

Wer Leaderqualitäten hat, tut sich im Umgang mit dem Hund allein schon deshalb leicht. Denn wer sich souverän verhält und eine innere Autorität ausstrahlt, den respektiert der Vierbeiner fast automatisch, schenkt ihm sein Vertrauen und verlässt sich auf ihn. Doch wie genau wirkt man denn nun souverän, und was ist unsouverän? Hier finden Sie eine Checkliste mit einigen Beispielen:

Bello ist nicht angeleint und schnüffelt intensiv am Wegrand.
- Souverän: Weitergehen, ohne den Hund zu beachten.
- Unsouverän: Beim Hund stehen bleiben und auf ihn einreden, etwa »Bist du fertig? Kommst du jetzt mit?«.

Bello ist an der Leine und liegt neben der Parkbank, auf der Frauchen sitzt. Nun will Frauchen weitergehen.
- Souverän: Ein bestimmtes »Los geht's« oder Ähnliches, oder gar nichts sagen, wenn der Hund bereits auf Frauchen schaut, und losgehen.
- Unsouverän: Aufstehen und mit einem fragenden »Gehen wir wieder?« abwarten, ob der Hund auch losgeht.

Bello hat schmutzige Pfoten, die jetzt abgeputzt werden sollen.
- Souverän: Bestimmt, aber gelassen die Pfote nehmen und sie abputzen.
- Unsouverän: Die Hand zögerlich in Richtung Pfote bewegen, dabei darüber nachdenken, ob der Hund das jetzt gerade will, und abwarten, was er tut. Oder hektisch in Richtung Pfote greifen und nicht genau wissen, wie man diese jetzt am besten hält.

Bello soll sitzen.
- Souverän: Aufrecht stehen, in festem Tonfall (aber nicht zu laut) »Sitz« sagen.
- Unsouverän: In die Hocke gehen und »Mach doch mal schön Sitz« säuseln.

Bello soll Blickkontakt aufnehmen, schaut aber trotz bekanntem Hörzeichen woandershin.
- Souverän: Hund antippen oder leicht anrempeln, damit er erinnert wird, dass sein Mensch meint, was er sagt.
- Unsouverän: Mit »Haaallo, schau mal, Guddi, Guddi, ja was hat Frauchen denn da« den Clown spielen, um dem Hund schmackhaft zu machen, das Hörzeichen für den Blickkontakt zu befolgen.

Es kommt ein unangeleinter Hund entgegen, zu dem Bello keinen Kontakt haben soll.
- Souverän: Sich vor den eigenen Hund stellen und die Situation regeln.
- Unsouverän: Verunsichert neben dem eigenen Hund stehen bleiben, abwarten und so den Vierbeiner in der für ihn belastenden Situation auf sich gestellt lassen.

Bello ignoriert den ihm bekannten Rückruf.
- Souverän: Entweder kommentarlos und sehr zügig weitergehen. Oder den Hund bei dem unterbrechen, was er in diesem Moment tut.
- Unsouverän: Auf den Hund warten, ihn immer wieder rufen und/oder sich zum Clown machen, um irgendwann das Interesse des Hundes zu wecken.

Zu den Übungen

Der Schwerpunkt in der ersten Stufe des Trainingsplans liegt darauf, die Ausdauer zu erhöhen. Viele Hunde beherrschen zwar Übungen wie »Sitz« oder »Platz«, halten die Position aber nur relativ kurze Zeit durch. Für den Alltag ist es aber wichtig, dass der Hund auch längere Zeit sitzen, liegen usw. kann. Dazu muss er lernen, sich zu beherrschen und zu entspannen. Vor allem dann, wenn um ihn herum etwas los ist oder wenn es interessante Alternativen gibt. Kann er das, erleichtert das auch dem Vierbeiner viele Alltagssituationen, weil er nun nicht mehr so schnell unter Stress gerät.

Denken Sie daran, bei Übungen, die viel Ruhe vom Hund verlangen, diese Ruhe immer auch selbst auszustrahlen – sowohl mit der Körpersprache als auch mit der Stimme. Denn das Ziel ist, dass Ihr Vierbeiner nicht in einer gespannten Erwartungshaltung sitzt oder vor allem liegt, sondern wirklich relaxed. Ob er entspannt ist, erkennen Sie beispielsweise daran, dass er auf einer Hinterbacke sitzt oder liegt, die Ohren nicht in totaler Habachtstellung hat und nicht aufgeregt hechelt.

Mit oder ohne Leine üben?

Auf den Fotos zu den Übungen sehen Sie die Hunde teilweise mit, teilweise ohne Leine. Ob Sie mit dem an- oder abgeleinten Vierbeiner üben, entscheiden Sie danach, wie sicher der Hund die Übung beherrscht und welche Probleme sich unter Umständen ergeben könnten, wenn er nicht in seiner Position bleibt. Das können gefährliche Situationen sein, etwa wenn eine Straße in der Nähe ist. Aber auch unerwünschte Erfolge des Hundes, wie zum Beispiel unerlaubter Kontakt zu Artgenossen, sollten Sie unbedingt vermeiden. Wenn Sie mit Leine üben, ist diese bei den meisten Übungen lediglich zur Sicherheit am Hund und daher immer locker. Sie kommt nur dann zur Wirkung, falls der Hund zum Beispiel zu einer Ab-

Trainingsplan Stufe 1

Die Angaben sind Anhaltspunkte. Nicht immer hat man Zeit und Energie zum Üben. Aber nur durch regelmäßiges Training kann sich Gelerntes festigen. Langweilen Sie den Vierbeiner nicht mit vielen Wiederholungen. Ein- bis zweimal dieselbe Übung am Stück reicht.

Übungen	Wie oft?
Entspannen	1-mal täglich oder bei Bedarf
Schau	1- bis 3-mal täglich, nicht jeden Tag
Leinenführigkeit	immer wenn der Hund an der Leine geht
Sitz	1- bis 3-mal täglich, nicht jeden Tag
Kommen auf Ruf	1-mal täglich
Platz	1- bis 3-mal täglich, nicht jeden Tag
Bei Fuß	1-mal täglich
Warten im Auto	anfangs mindestens 1-mal täglich

lenkung laufen würde. In diesem Fall ist der Vierbeiner mit Leine viel schneller wieder unter Ihrer Kontrolle als ohne und kann sich gleich wieder auf die Übung konzentrieren. Ohne Leine ist er dagegen rasch dort, wo Sie ihn eigentlich nicht haben möchten. Sie müssen ihn erst wieder zu sich rufen, und er bekommt vielleicht sogar eine Belohnung für das Kommen. Seine Konzentration ist weg, zudem vergeht viel Zeit, und es passiert noch dieses oder jenes, bis der Vierbeiner wieder in seiner ursprünglichen Position ist.

Übung **1** Der Radius des Hundes ist begrenzt.

Übung **2** Ohne Alternative kommt er zur Ruhe.

Die Übung »Entspannen«

Ziel ist es, dass der Hund – auch unter Ablenkung – von sich aus zur Ruhe kommt und entspannt. Er kann sich dann innerhalb seines Radius hinlegen, wo er möchte. Ist er offensichtlich relaxed, können Sie diesen Zustand etwa mit dem Hörzeichen »Pause« kombinieren, um den Vierbeiner dadurch jederzeit in den »Ruhemodus« zu versetzen, oder Sie schicken ihn auf eine immer gleiche Unterlage, zum Beispiel seine Hundedecke.

Gezielt üben: Machen Sie den Hund zu Hause mit der Leine in Ihrer Nähe fest. Am besten auf einer bestimmten Hundedecke.

▶ Reden Sie wenig oder gar nichts und gehen Sie dann einfach weg. Setzen Sie sich jetzt beispielsweise an den Tisch und lesen Sie die Zeitung.

▶ Zunächst schaut Ihr Vierbeiner vielleicht verwundert, oder er jammert. Schauen Sie nicht zu ihm, er darf keine Aufmerksamkeit bekommen. Nach einer gewissen Zeit wird er sich hinlegen. Bei aktiveren Hunden dauert das länger als bei ruhigeren.

Hat Ihr Vierbeiner sich schließlich entspannt, beachten Sie ihn weiter nicht.

▶ Erst nach mindestens zehn Minuten leinen Sie ihn wieder ab, ohne etwas zu sagen. Selbst wenn Sie sich über sein braves Verhalten freuen, loben Sie ihn jetzt besser nicht überschwänglich, sonst dreht er sofort wieder auf. Es reicht das Ableinen.

▶ Dehnen Sie die Dauer des relaxten Zustandes des Vierbeiners allmählich immer weiter aus.

Entspannen kann der Hund auch in der Hundebox mit Decke. Wenn er die Box bereits kennt, bringen Sie ihn hinein und schließen die Tür. Anschließend verfahren Sie ebenso wie beim Anbinden mit der Leine.

▶ Kennt der Hund die Box noch nicht, oder möchten Sie, dass er auch bei offener Tür in der Box bleibt, stellen Sie sich nahe an die Box oder setzen Sie sich daneben auf den Boden.

▶ Jedes Mal, wenn sich der Vierbeiner in Richtung Ausgang bewegt, schieben Sie ihn stumm und konsequent wieder zu-

Übung **3** Gutes Timing verhindert »Flüchten«.

Übung **4** Trotz Ablenkung kann er entspannen.

rück. So lange, bis er entspannt in der Box bleibt, auch wenn Sie sich entfernen. Warten Sie auch hier einige Zeit, bis Sie ihn mit Ihrem Auflösungssignal »erlösen«.

▶ Sobald die Übung mit oder ohne Box klappt und Ihr Hund sofort abschaltet, führen Sie das Hörzeichen »Pause« ein, wenn Sie ihn auf seinen Platz oder in die Box bringen oder in Ihrer Nähe festbinden.

Umsetzung im Alltag: Klappt die Übung – ohne Ablenkung – längere Zeit, ist der Vierbeiner also entspannt, integrieren Sie die Übung jetzt in eine ruhigere Alltagssituation.

▶ Alle Familienmitglieder sind anwesend, sitzen am Tisch oder auch verteilt im Zimmer und unterhalten sich. Währenddessen ist der Vierbeiner, wie links beschrieben, angeleint oder in der Box. Bei einem Hund, der schon sehr leicht entspannt und über längere Zeit entspannt bleibt, kann auch ein Familienmitglied umhergehen. Aber dabei nur so nahe am Hund vorbeigehen, wie er es in relaxtem Zustand aushält.

▶ Klappt das, steigern Sie die Ablenkung etwas, indem mehrere Familienmitglieder im Zimmer herumlaufen und näher an dem Vierbeiner vorbeigehen.

Wenn es nicht klappt: Ist die Ablenkung für den Hund zu nahe? Besteht immer wieder Blickkontakt zu Familienmitgliedern? Spricht ihn jemand an? Sind Sie selbst eher angespannt? Ist der Hund zu wenig ausgelastet? All das erschwert dem Vierbeiner das Abschalten. Gehen Sie oft auf Aufforderungen von ihm ein? Dann kann es etwas dauern, bis der Hund akzeptiert, dass er mit seinem unruhigen Verhalten nichts erreicht.

Auch wenn der Vierbeiner sehr viel »bespielt« wird, also zum Beispiel durch Kinder dauernd beschäftigt wird, fällt ihm Entspannen eventuell schwerer. Hier kommt es also auch darauf an, dass Sie selbst und Ihre Familienmitglieder entsprechend lange durchhalten.

Übung **1** Brav hält der Hund Blickkontakt.

Übung **2** Erst dann folgt der Griff zum Happen.

Die Übung »Schau«

Diese Übung fördert die Konzentrationsfähigkeit. Der Hund lernt, immer länger und trotz reizvoller Alternativen die Aufmerksamkeit auf seinen Menschen zu richten. Aber auch im Alltag ist es sehr hilfreich, wenn der Hund stets ansprechbar bleibt. Wichtig ist, dass es sich für den Vierbeiner stets in irgendeiner Weise lohnt, anhaltend Blickkontakt zu halten. Besonders nützlich ist diese Übung für Vierbeiner, die stark auf Reize von außen reagieren.

Gezielt üben: Was ist für Ihren Hund eine verlockende Ablenkung? Futter oder eher sein Lieblingsspielzeug?

▶ Wenn es Futter ist, legen Sie ein paar Happen in seinen Napf und stellen den Napf etwas von sich und dem Vierbeiner entfernt auf den Boden. Alternativ machen Sie das ebenso mit seinem Spielzeug.

▶ Der Hund befindet sich neben oder vor Ihnen. Ein anderes Lieblingsspielzeug oder einen weiteren Happen haben Sie in der Tasche.

▶ Fordern Sie den Hund jetzt mit Ihrem Hörzeichen (zum Beispiel »Schau«) auf, Blickkontakt mit Ihnen aufzunehmen.

▶ Belohnen Sie Ihren Vierbeiner, bevor er wegschaut. Das kann anfangs deutlich früher sein als ohne Ablenkung.

▶ Da Ihr Hund die Schau-Übung ja bereits kennt, holen Sie die Belohnung erst am Ende der Übung aus der Tasche.

▶ Wählen Sie den Abstand zu Napf/Spielzeug anfangs so weit entfernt, dass es dem Hund relativ leichtfällt, sich auf Sie zu konzentrieren, und dehnen Sie die Dauer des Blickkontakts aus. Dann verringern Sie die Entfernung zu Napf/Spielzeug nach und nach.

Umsetzung im Alltag: Klappt die Übung, verlegen Sie sie in den Alltag. Trainieren Sie mit Ihrem Vierbeiner zum Beispiel im Eingangsbereich eines Geschäftes oder Supermarktes. Hier ist der Ablenkungsreiz schon einmal recht hoch.

► Stellen Sie sich zuerst so in den Eingangsbereich, dass die Passanten mit genügend Abstand vorbeigehen. Der Vierbeiner sollte sich leicht auf Sie konzentrieren können.

► Auch jetzt steigern Sie die Dauer des Blickkontakts. Erst dann verringern Sie allmählich den Abstand zur Ablenkung, in diesem Fall also zu den vorbeilaufenden Passanten.

► Ebenso können Sie zum Beispiel in der Nähe von Enten oder anderen für Ihren Vierbeiner reizvollen Tieren trainieren. Je mehr diese in Bewegung sind, umso anspruchsvoller wird die Übung für Ihren Hund.

Üben mit anderen Hunden: Nun lernt der Vierbeiner, sich in der Nähe eines ruhigen Artgenossen auf Sie zu konzentrieren.

► Bleiben Sie mit einigen Metern Abstand neben dem anderen Hundehalter stehen. Beide Hunde sitzen bei dieser Übung dicht bei ihren Zweibeinern.

► Nun kommt das Hörzeichen, etwa »Schau«, und die Vierbeiner nehmen Blickkontakt zu ihren Zweibeinern auf. Auch hier gilt: zunächst die Dauer des Blickkontakts ausdehnen, dann erst den Abstand zwischen den Teams verringern.

Wenn es nicht klappt: Ist der Abstand zum Ablenkungsreiz zu gering? Oder haben Sie die Übung zu lange ausgedehnt, und hat der Hund deshalb woanders hingeschaut? Wenn er die Übung eigentlich beherrscht, fordern Sie sie ein. Tippen Sie Ihren Vierbeiner so an, dass er sofort zu Ihnen schaut. Wiederholen Sie das Hörzeichen. Nur »notfalls« nehmen Sie den Happen schon in die Hand, bevor Sie das Hörzeichen sagen, um ihn so mit der bereits für ihn sichtbaren Belohnung zum Blickkontakt zu animieren.

Übung **3** Auch in belebter Umgebung klappt es.

Übung **4** Und sogar mit anderen Vierbeinern.

Das richtige Timing

Im richtigen Moment das Richtige tun erleichtert in der Erziehung und Ausbildung des Hundes vieles – nicht nur dem Zweibeiner. Auch der Vierbeiner versteht viel besser, was Sie von ihm möchten, wenn das Timing stimmt. Die folgenden Beispiele zeigen Situationen, in denen Hundehalter unbewusst oft im falschen Moment auf das Verhalten des Hundes reagieren.

1 Unerwünschte Erfolge vermeiden

Beispiel 1: Ihr Hund läuft frei und konzentriert sich auf etwas, das ihn besser nicht interessieren sollte, wie zum Beispiel ein Reh, das in der Wiese steht, oder ein angeleinter Hund, der entgegenkommt. Je weniger Zeit er hat, sich darauf »einzuschießen«, umso besser. Wenn Sie ihn jetzt sofort zu sich rufen, statt abzuwarten, was er tut, oder erst dann reagieren, wenn er schon unterwegs ist, sind Ihre Erfolgschancen super.

Beispiel 2: Der Vierbeiner hat etwas wenig Leckeres am Wegrand in der Nase und nimmt Kurs darauf. Möchten Sie ihn daran hindern, heißt es sofort eingreifen, zum Beispiel ihn mit viel Engagement rufen und gleichzeitig weglaufen. Hat er das Teil erst mal im Maul, ist es meist zu spät.

Der Vierbeiner hat Unrat wahrgenommen, aber er hat noch nichts davon im Maul. Wirken Sie auf ihn ein, bevor er etwas aufnimmt!

2 Belohnen

Beispiel 1: Sie möchten den Hund ableinen und frei laufen lassen. Aber erst, wenn er Sie angeschaut hat. Er schaut Sie kurz an, Sie wollen gerade »Lauf« sagen, da schaut er weg. Auch wenn Sie das Hörzeichen jetzt noch schnell sagen, ist es dennoch zu spät. Der Hund darf dann nämlich zur Belohnung fürs Wegschauen loslaufen. Denn dieses Verhalten hat er unmittelbar vor oder gleichzeitig mit dem Hörzeichen »Lauf« gezeigt.

Beispiel 2: Der Hund sitzt unter großer Ablenkung an Ihrer Seite. Für diese Leistung möchten Sie ihn belohnen und reichen ihm einen Happen. Da er etwas aufgeregt ist, springt er ein Stück hoch, um Ihrer Hand mit dem Happen entgegen und so schneller an die Belohnung zu kommen. Wenn Sie sie ihm jetzt geben, belohnen Sie nicht mehr das ruhige Sitzen, sondern das Hochspringen. Also besser die Hand rasch schließen und warten, bis der Vierbeiner erneut sitzt. Dann stimmt das Timing wieder.

Beispiel 3: Der Vierbeiner hampelt immer herum, wenn man ihm die Pfoten abwischen möchte. Wer während des Herumhampelns mit der Putzaktion aufhört, bestärkt den Hund in seinen Bemühungen, die lästige Prozedur damit zu beenden. Besser ist es, ihn zunächst daran zu gewöhnen, dass man die Pfote hält. Pfote also einfach halten. Solange der Vierbeiner nicht stillhält, wird sie nicht losgelassen.

Der Hund ist angespannt. Erinnern Sie ihn mit »Sitz« bzw. korrigieren Sie ihn spätestens dann, wenn er beginnt, aufzustehen.

Irgendwann hält er ein paar Momente still. Genau jetzt lassen Sie die Pfote los. So lernt der Hund, dass er diese lästige Angelegenheit schneller hinter sich hat, wenn er es duldet. Übersehen Sie diesen Punkt aber, und der Hund hampelt erneut weiter, kann er nicht erkennen, was eigentlich gewünscht ist.

3 Rechtzeitig erinnern

Beispiel 1: Sie rufen den Vierbeiner zu sich. Sie sehen ihm schon an, dass hinter Ihnen etwas seine Aufmerksamkeit erregt. Jetzt müssen Sie Ihr »Hier« wiederholen und sich ihm in den Weg stellen. Würden Sie warten, bis er vorbeigelaufen ist, oder sich umschauen, was denn da los ist, verginge viel zu viel Zeit.

Beispiel 2: Der Hund sitzt an Ihrer Seite. Eine fremde Person nähert sich. Sie sehen Ihrem stürmischen Begrüßer schon an, dass es ihn nur schwer auf dem Po hält. Erinnern Sie ihn jetzt gleich mit einem festen, aber ruhigen »Sitz« und, nur wenn nötig, mit einem kurzen Impuls an der Leine daran, was er tun soll. Bleiben Sie dagegen passiv, schimpfen aber ärgerlich mit ihm, wenn er schon an straffer Leine nach vorn zieht und im Begrüßungstaumel ist, ist es zu spät.

4 Richtig korrigieren

Beispiel 1: Sie üben das Bleiben im Platz und sind ein Stück vom Hund entfernt. Da macht der Vierbeiner Anstalten aufzustehen, weil ein Stück vor ihm ein Stöckchen auf dem Boden liegt, das er sich gern holen möchte. Gehen Sie flott und mit fester Stimme ausgesprochenem »Platz« auf ihn zu. Schon liegt der Hund wieder an derselben Stelle. So ist es richtig, deshalb stoppen Sie sofort und bewegen sich in ruhigem Tempo von Ihrem Vierbeiner weg. Da er sich wieder wie gewünscht verhält, muss auch die »Bedrohung«

genau in dem Moment aufhören. Würden Sie dagegen weiter auf ihn zugehen, sodass er weiter zurückweicht, würden Sie ihn viel zu stark verunsichern, und er hätte überhaupt keine Möglichkeit mehr, die Übung wieder richtig auszuführen.

Noch während der Hund seinen Menschen anschaut, kommt die Starterlaubnis. Nicht erst, wenn er wieder zum Artgenossen schaut.

5 Schnelles Umschalten

Beispiel 1: Sie gehen mit dem Hund bei Fuß, und er schaut aufmerksam und freudig zu Ihnen. Sie freuen sich und loben ihn mit Ihrer Stimme. Da lenkt ihn etwas ab, und er hat die Nase am Boden. Schalten Sie sofort auf eine korrigierende Stimmlage um. Nur so kann der Vierbeiner unterscheiden, was richtig ist und was nicht.

Beispiel 2: Das gilt natürlich umgekehrt genauso. Das heißt, auch wenn Sie sich vielleicht ärgern, dass der Vierbeiner wieder einmal die Nase am Boden hat – sobald er seine Aufmerksamkeit wieder auf Sie richtet, klingt auch Ihre Stimme auf den Punkt lobend.

Übung **1** Gleich ist die Leine straff.

Übung **2** Nun wird umgekehrt.

Übung **3** Die Leine ist wieder locker

Die Leinenführigkeit

Oft reicht es, wenn der Hund einfach an lockerer Leine mitläuft und nicht exakt bei Fuß. An der lockeren Leine kann er auch einmal etwas hinter, mit etwas Abstand neben oder auch einmal ein Stück vor dem Menschen laufen. Aber er darf nicht zerren. Gut ausgebildete Hunde laufen oft von allein aus Gewohnheit auch an der lockeren Leine ungefähr in der Fuß-Position.

Gezielt üben: Haben Sie ein Zerrproblem, heißt es, Ihr eigenes Verhalten zu ändern. War man beim Welpen vielleicht gewissenhaft, schleicht sich später oft eine gewisse Nachlässigkeit ein. Der Vierbeiner darf zerrend eine Duftmarke lesen, einen Artgenossen begrüßen usw. Geben Sie dem Zerren also ab sofort nicht mehr nach.

▶ Zusätzlich üben Sie gezielt, indem Sie sich stets, kurz bevor die Leine straff zu werden droht, um 180 Grad drehen und ohne anzuhalten umkehren (natürlich ohne dass dadurch ein starker Ruck entsteht). Bei manchen Hunden reicht es, nur abrupt stehen zu bleiben, statt sich zu drehen und umzukehren. Sobald das ohne Ablenkung klappt, steigern Sie das Niveau.

▶ Legen Sie den Lieblingsball oder Futterhappen im Napf auf den Boden. Gehen Sie nun aus einigen Metern Entfernung darauf zu, solange die Leine locker bleibt. Will der Vierbeiner zerren, kehren Sie wie beschrieben um.

▶ Behalten Sie die neue Richtung bei, bis der Hund normal läuft. Dann gehen Sie wieder auf die Ablenkung zu. Wiederholen Sie das, bis Sie bei lockerer Leine bis zum Ball oder Napf kommen. Nun darf der Vierbeiner seine Belohnung nehmen.

▶ Wenn Sie mit abruptem Stehenbleiben üben, dann gehen Sie erst weiter, wenn der Hund irgendetwas tut, wodurch die Leine locker wird. Sprechen Sie Ihren Vierbeiner nicht an – auch nicht beim Losgehen.

▶ Erst wenn der Hund die Übung verstanden hat und schön mitläuft, kommt ein Hörzeichen, etwa »Langsam«, dazu. Sagen Sie es, während er ruhig an lockerer Leine läuft. Nach einigem Üben hat der Vierbeiner beides verknüpft.

Umsetzung im Alltag: Nicht immer kann man auf genaues Fuß-Gehen achten, falls der Hund diese Übung noch nicht gut beherrscht – etwa wenn man selbst abgelenkt ist, weil man etwas tragen muss oder es eilig hat. Dann nehmen Sie den Hund einfach an die Leine. Aber auch das Laufen an lockerer Leine im Alltag beginnen Sie am besten mit kürzeren Strecken. Besonders bei einem temperamentvollen Hund planen Sie genügendes Auspowern ein, bevor Sie ihn zum Stadtbummel mitnehmen. Kommt reizvolle Ablenkung in Sicht, erinnern Sie ihn rechtzeitig mit Ihrem Hörzeichen an die lockere Leine. Wenn nötig, kehren Sie auch mal um.

Üben mit anderen Hunden: Funktioniert das Laufen an der Leine in anderen Situationen schon gut, dann üben Sie mit weiteren Hundehaltern. Auch hier ist es für viele Vierbeiner gut, wenn sie vorher schon Energie loswerden konnten. Denn Artgenossen sind oft ein ausgesprochen hoher Reiz. Bewegen Sie sich mit reichlich Abstand zueinander, sodass es dem Hund nicht schwerfällt, mit Ihnen zu laufen. Kehren Sie auch hier um, falls nötig. Möchte er zurückbleiben, weil der Artgenosse hinter ihm ist, gehen Sie einfach weiter.

Wenn es nicht klappt: Achten Sie auf die lockere Leine, nicht aber der Rest der Familie? Ist der Hund zu energiegeladen? Gehen Sie zu zögerlich? Kann er sich auf die Ablenkung konzentrieren, weil Sie beim Umkehren langsam werden oder stehen bleiben? Statt umzukehren, schieben Sie ihn alternativ mit der Hand im Brustbereich wieder zurück.

Übung 4 Zur Nachbarin an lockerer Leine.

Übung 5 Durch Üben auch an Artgenossen vorbei.

Protestaktionen
nicht erwünscht

Lässt Ihr Hund sich überall anfassen? Falls Sie es nicht schon mit dem Welpen geübt haben, beginnen Sie jetzt. Ist der Vierbeiner sehr unkooperativ, gewöhnen Sie ihn in so kleinen Schritten wie nötig an die Prozedur. Wichtig ist dabei, dass Sie immer nur dann Ihre Handlung unterbrechen, wenn der Vierbeiner sich ruhig verhält. So lernt er, dass Zappeln nichts bringt, ruhiges und kooperatives Verhalten dagegen die Prozedur beendet. Anfangs dauert die Übung nur so kurz, dass es am besten gar nicht erst zu einer Protestaktion kommt. Ist der Protest aber nur schwach, machen Sie weiter, bis kurz Ruhe ist. Die einzelnen Schritte werden allmählich zeitlich ausgedehnt, erst dann gehen Sie zum nächsten Schritt über. Wichtig ist, dass Sie sicher und nicht zögerlich auftreten. Hier ein paar Beispiele:

Alltägliches

Im Zusammenleben mit Ihrem Vierbeiner ergeben sich bestimmte Situationen immer wieder. Da ist es für den entspannten Umgang miteinander hilfreich zu wissen, wie man den Hund richtig anleitet, damit er gewisse »Prozeduren« ohne Protest duldet.

▶ Pfoten abputzen: Wie schon beim »Timing« (→ Seite 24/25) angeschnitten, halten Sie die Pfote zuerst nur kurz fest oder lassen, je nach Verhalten Ihres Hundes, sogar Ihre Hand nur auf der Pfote liegen. Nehmen Sie die Hand weg, wenn er die Pfote kurz ruhig hält.

Allmählich halten Sie die Pfote länger und putzen oder kontrollieren sie. Zunächst wieder kurz. Anschließend können Sie die Pflegeaktionen immer länger ausdehnen.

▶ Gebisskontrolle: Legen Sie zuerst nur die Hand auf den Nasenrücken des Vierbeiners. Klappt das, legen Sie die andere Hand unter sein Kinn. Toleriert der Hund auch das, ziehen Sie mit der oberen Hand die Lefzen kurz hoch, dann länger, bis Sie letztlich das Maul problemlos öffnen können.

▶ Hochheben: Ist Ihr Vierbeiner »tragefähig«, gewöhnen Sie ihn daran, sich hochheben zu lassen. Heben Sie ihn kurz ein kleines Stück hoch und setzen Sie ihn wieder auf den Boden. Auch hier verlängern Sie die Dauer der Übung, indem Sie ihn allmählich weiter vom Boden wegheben, länger halten und woanders wieder auf den Boden setzen.

▶ Stehenbleiben: Üben Sie auf dem Boden oder etwas höher und bequemer auf einem breiten Baumstamm oder einer Mauer (nur wenn dem Vierbeiner das nicht suspekt ist). Der Hund steht quer vor Ihnen. Eine Hand liegt unter seinem Bauch, die andere hält ihn vorn an der Brust. Möchte er weg, halten Sie ihn einfach fest, bis er kurz ruhig steht. Erst dann lassen Sie ihn los.

Hörzeichen einführen

Sicher sagen Sie zu Ihrem Hund »Fein« oder Ähnliches, wenn er etwas gut gemacht hat. Das sagen Sie jedes Mal, wenn Sie mit Ihrer Aktion aufhören, also zum Beispiel die Pfote loslassen. Danach gibt es ein Häppchen. Lesen Sie dazu auch Seite 39. Duldet der Hund die Pflegemaßnahmen, führen Sie ein Hörzeichen ein. Entweder ein einheitliches für alle Körperregionen oder für jede Region ein eigenes. Das sagen Sie unmittelbar, bevor Sie mit Pfotenputzen, Gebisskontrolle usw. beginnen.

Übung 1 Ablenkung durch Familie.

Übung 2 Sitzen vor einem Geschäft.

Übung 3 Sitzen neben Artgenossen.

Die Übung »Sitz«

Der Hund lernt, auch unter Ablenkung ein paar Minuten ruhig neben Ihnen zu sitzen. Klingt einfach, ist es aber oft nicht. Auch hier ist zunächst ein niedriger Energielevel beim Hund günstig.

Gezielt üben: Stellen Sie sich in ein Zimmer oder in Ihre Diele. Der Vierbeiner sitzt mit einmaligem »Sitz« an Ihrer Seite. Familienmitglieder gehen herum. Aber nicht so nah am Hund vorbei, dass für ihn die Ablenkung zu stark ist. Nach ein bis zwei Minuten beenden Sie die Übung. Nach und nach dehnen Sie die Zeit aus, dann verringern Sie den Abstand zur Ablenkung allmählich. Sollten Sie bemerken, dass der Vierbeiner angespannt wird, wiederholen Sie ruhig, aber bestimmt »Sitz« – unbedingt bevor er aufgestanden ist.

Umsetzung im Alltag: Klappt es zu Hause, üben Sie vor einem Geschäft. Wie beim »Schau« zunächst in weiterer Entfernung vom Geschäftseingang (→ Seite 23). Dann so üben, dass Passanten näher an Ihnen und dem Vierbeiner vorbeigehen. Auch wenn Sie gespannt sind, ob es klappt – bleiben Sie konzentriert, aber locker.

Üben mit anderen Hunden: Stellen Sie sich nebeneinander hin. Wählen Sie den Abstand zueinander so, dass Ihr Vierbeiner neben Ihnen sitzt. Am besten ist es, wenn alle Hunde links oder alle rechts vom Besitzer sitzen. Dann steht immer ein Mensch zwischen zwei Hunden. Andernfalls ist die Übung schwieriger für den Hund. Vergrößern Sie, wenn nötig, den Abstand zum nächsten Vierbeiner. Bleiben Sie nun eine Zeit lang so stehen.

Wenn es nicht klappt: Sind Sie zu angespannt? Klingt Ihr Hörzeichen »Sitz« zu aufgeregt oder zögerlich? Bewegen sich Ihre Kinder zu lebhaft? Ist vor dem Geschäft zu viel los? Hatte der Hund vorher zu wenig Bewegung? Dauerte die Übung zu lange? Fordern Sie das »Sitz« ein, wenn er nur keine Lust hat?

Übung **1** Der Napf steht anfangs neben Ihnen.

Übung **2** Der Helfer – bereit für den »Notfall«.

Das Kommen auf Ruf/Pfiff

Dass der Vierbeiner auch dann kommt, wenn ihn etwas anderes interessiert, ist sehr wichtig. Achten Sie beim Aufbau der Übung daher darauf, mögliche unerwünschte Erfolge zu vermeiden. Dann kann sich das Kommen optimal festigen. Rufen Sie den Hund mit Hörzeichen oder Hundepfeife (zwei Pfiffe nacheinander) deshalb zunächst nur, wenn Sie sicher sind, dass er auch kommt. Denken Sie an Ihre engagierte Körpersprache und Stimme! Kommt der Hund, gibt es besonders leckere Happen.

Gezielt üben: Setzen Sie den Hund einige Meter von sich entfernt ab. Nun deponieren Sie als Ablenkung Lieblingsball oder Futternapf ein bis zwei Meter neben sich auf dem Boden.

▶ Sie haben die Belohnungshäppchen in der Hand, klopfen sich mit beiden Händen auf den Bauch und rufen nun den Hund zu sich. Achtung – blickt der Hund auch nur Richtung Ablenkung, wiederholen Sie das Hörzeichen sehr bestimmt. Laufen Sie zusätzlich einige Schritte rückwärts leicht schräg weg vom Ball/Napf. Will Ihr Schüler direkt zur Ablenkung durchstarten, heben Sie Ball/Napf rasch auf, bevor der Hund dort ist.

▶ Beim nächsten Versuch deponieren Sie Ball/Napf zuerst wieder neben sich. Klappt die Übung gut, liegt die Ablenkung nun etwa auf der Hälfte der Strecke zwischen Ihnen und dem Hund und ein, zwei Meter seitlich davon. Zur Sicherheit ist ein Helfer in der Nähe, der im Falle eines Falles Ball/Napf aufhebt.

Umsetzung im Alltag: Es steht zum Beispiel jemand am Gartenzaun (Kind, Postbote usw.). Ihr Hund ist schon unterwegs, Sie möchten aber nicht, dass Kind oder Postbote sich erschrecken. Rufen/pfeifen Sie Ihren Hund engagiert zu sich. Je näher er noch bei Ihnen ist, umso höher die Erfolgschance. Also rasch reagieren! Laufen Sie gleichzeitig weg, motiviert das den Vierbeiner zusätzlich. Kommt er, hat er sich für diese besondere Leistung gleich mehrere echte Leckerbissen verdient!

Übung | 3 | Der Hund ist auf dem Weg zum Zaun.

Übung | 4 | Ein deutliches »Hier« holt ihn zurück.

Üben mit anderen Hunden: Alle Hundehalter gehen mit Abstand zueinander und den Hunden bei Fuß umher. Einer sagt irgendwann »Stopp«, und alle bleiben stehen. Nun entfernt sich einer mehrere Meter von seinem sitzenden Hund und ruft ihn dann zu sich. Je nachdem, wo die anderen zufällig stehen, muss der Vierbeiner jetzt mehr oder weniger nah an einem oder mehreren Teams vorbei. Je dichter, umso schwieriger. Seien Sie anfangs nicht zu experimentierfreudig.

Wenn es nicht klappt: Kommt Ihr Vierbeiner ohne Ablenkung wirklich zuverlässig? Wenn nicht, arbeiten Sie erst daran. Wirken Ihre Körpersprache und Stimme zu passiv, »gelangweilt« oder unsicher? Haben Sie eine für Ihren Hund zu »dünne« Stimme. Dann konditionieren Sie ihn auf eine Hundepfeife. Rufen/pfeifen Sie zu spät – auch wenn ihm unterwegs schon anzusehen ist, dass er »überlegt«, nicht auf direktem Weg zu kommen? Haben Sie den Schwierigkeitsgrad zu rasch gesteigert? Ist die Belohnung zu »alltäglich«?

Übung | 5 | Jetzt muss er an Artgenossen vorbei.

Die Übung »Platz«

Hunde haben grundsätzlich relativ lange Ruhephasen. Deshalb ist es für einen Vierbeiner auch nichts außergewöhnlich Schwieriges, wenn er gelegentlich länger entspannt auf einer Stelle liegen bleiben soll. Im Alltag ist das oft nützlich – etwa im Restaurant oder wenn Besuch da ist, der vor dem Vierbeiner etwas Angst hat. Sorgen Sie dafür, dass der Hund vor einem längeren »Platz«, noch dazu unter Ablenkung, genügend Energie loswerden konnte. Achten Sie auf eine ruhige (aber bestimmte) Stimme, ruhige (aber nicht unsichere) Körpersprache und am Ende der Übung auf ruhiges Loben.

Gezielt üben: Suchen Sie sich zu Hause einen gemütlichen Platz zum Lesen. Rundherum sollte es relativ ruhig sein.

▶ Nehmen Sie den Hund neben dem Stuhl bei Fuß und lassen Sie ihn sitzen, dann legen Sie ihn ins Platz.

▶ Nun lassen Sie sich mit Ihrem Buch auf dem Stuhl nieder und lesen ein wenig, aber nicht ohne den Vierbeiner aus den Augenwinkeln zu beobachten. Bleiben Sie dabei entspannt. Steigern Sie die Zeit langsam.

▶ Gut ist es, wenn Sie die Übung zumindest in der ersten Zeit beenden, bevor es dem Vierbeiner zu lang wird. Bei einem ruhigen Hund werden Sie rascher bei etlichen Minuten Verweildauer sein als bei einem lebhaften.

▶ Ist der Vierbeiner im Begriff, vorzeitig aufzustehen, reagieren Sie sofort, nicht erst wenn er schon aufgestanden ist. Wiederholen Sie Ihr Hörzeichen und unterstreichen Sie das, falls nötig, zum Beispiel durch etwas Zug mit der Leine nach unten oder leichten Druck auf die Schultern des Hundes.

▶ Liegt der Hund wieder, warten Sie nun noch mal etwa eine halbe Minute mit dem Auflösen der Übung.

Umsetzung im Alltag: Sie machen einen Spaziergang und treffen dabei zufällig eine Freundin. Da ist es nur logisch, dass sich ein kleiner Plausch anschließt. Eine solche Situation können Sie gleich nutzen, wenn Ihr Schüler ein längeres »Platz« schon kann. Stellen Sie sich an den Wegrand und legen Sie den Vierbeiner neben sich ins Platz. Ist er noch nicht so sattelfest, konzentrieren Sie sich zunächst auf ihn, lassen ihn ein, zwei Minuten liegen und lösen die Übung auf, bevor Sie intensiver in die Unterhaltung »versinken«. Beherrscht Ihr Hund die Übung schon gut, widmen Sie sich der Unterhaltung. Wer trotzdem auf Nummer sicher gehen möchte, kann einen Fuß so auf die Leine stellen, dass es der Hund unbequem hat, falls er sitzt oder steht. Dann wird er sich von selbst wieder hinlegen.

Wichtig: Am Ende der Unterhaltung das Auflösen nicht vergessen! Davor können Sie den Vierbeiner ruhig loben und ihm einen Happen zwischen die Vorderpfoten legen oder in Bodennähe aus der Hand geben, während er noch liegt.

Üben mit anderen Hunden: Da Artgenossen an sich oft schon Ablenkung genug sind, beginnen Sie auch hier mit einer »langweiligen« Variante. Stellen Sie sich und ihr benachbartes Mensch-Hund-Team – mit Abstand – nebeneinander hin und legen Sie die Hunde neben sich ins Platz. Am besten wieder so, dass immer ein Mensch zwischen zwei Hunden ist. Wählen Sie den Abstand zum Nachbarn anfangs etwas größer. Die Übungsdauer wird auch hier zunächst individuell angepasst. Sind alle relaxed, können die Abstände der Teams nach und nach verringert werden. Wenn Sie mit dem Nachbarn sprechen (ohne Ihre Position zu verlassen), erhöht das den Schwierigkeitsgrad.

Wenn es nicht klappt: Beherrscht Ihr Hund tatsächlich das Platz als solches? Haben Sie bisher häufig nicht daran gedacht, jede Übung aufzulösen? Hat der Vierbeiner zu viel an Energie? Ist rundherum zu viel los, etwa beim Üben unterwegs? Ist der mit Ihnen übende Hund zu unruhig? Sind Sie selbst angespannt oder ungeduldig? Klingt Ihre Stimme nervös oder unsicher? Dauerte die Übung für Ihren Hund zu lange?

Übung 1 Der Vierbeiner wird ins Platz gelegt.

Übung 2 Liegen bleiben, wenn Frauchen liest.

Übung 3 Warten bei Frauchens Plausch ...

Übung 4 ... und sogar neben einem Artgenossen.

Übung **1** Zuerst geht es ein Stück geradeaus.

Übung **2** Deutlich um die Kurve und belohnen.

Die Übung »Bei Fuß«

Dass der Vierbeiner dicht an der Seite seines Menschen läuft, ist sehr oft nützlich. Zum Beispiel dann, wenn es eng ist und »Gegenverkehr« kommt oder wenn man an einer Straße entlanggeht. »Bei Fuß« zu üben kann aber langweilig für den Hund sein, wenn man immer nur auf und ab geht. Das Training sollte aber so interessant sein, dass er aufmerksam und freudig mitmacht. So lernt er besser. Im Alltag kann der Hund entspannt bei Fuß gehen. Allerdings ohne dann etwas anderes zu tun, etwa zu markieren. Ständige Aufmerksamkeit über längere Strecken vom Hund zu fordern, ist jedoch zu anstrengend.

Gezielt üben: Diese Variante macht das Training für den Hund spannender, darf dann aber nicht zu oft praktiziert werden.

► Nehmen Sie den Hund (hier angenommen links) bei Fuß und gehen Sie los. Halten Sie einen Happen in der linken Hand an Ihrer Jacken- oder Hosentasche.

► Nun kommt eine Überraschung. Ihre Hand geht nach unten, sodass der Happen vor der Hundenase ist. Kurz danach legen Sie sich »aus dem Nichts« und mit einem motivierenden »Fuß!« überdeutlich in die Kurve und kehren um 180 Grad nach rechts um. Ihr Hund wird rasch dem Happen folgen und mitlaufen. Nach der Wendung bekommt er den Happen im Gehen.

► Bleiben Sie also nicht stehen, sondern gehen Sie weiter. Bald werden Sie merken, dass der Vierbeiner schon darauf wartet, wann Sie wieder umkehren, und interessiert und aufmerksam an Ihrer Seite läuft.

► Über kurz oder lang »wirft« Ihr Hund sich förmlich in die enge Kurve. Hat er die Übung verstanden, kommt der Happen nach und nach erst in der Wendung aus der Tasche und dann direkt danach.

► Letztlich wird der Vierbeiner nur noch variabel belohnt. Bauen Sie die Wendung ein, wenn Sie normal zügig gehen, aber auch aus dem langsamen Gehen heraus. Wer mag, kann auch

Übung **3** Es geht in die andere Richtung weiter.

Übung **4** Bei Fuß stressfrei aneinander vorbei.

aus dem Laufen heraus plötzlich umkehren. Die Leine bleibt dabei stets locker!

Umsetzung im Alltag: Sind Sie auf einem schmalen Weg unterwegs und es kommt Ihnen jemand entgegen, können Sie das Fuß-Gehen gleich einbauen. Nehmen Sie den Hund an Ihre Seite und gehen Sie mit ihm an den Passanten vorbei. Wählen Sie die Wegseite so, dass Sie zwischen Hund und Passanten gehen. Das ist zum Beispiel dann praktisch, wenn Ihr Vierbeiner jeden begrüßen möchte oder Fremde ihm nicht geheuer sind. Gehen Sie bestimmt und zügig und schauen Sie nach vorn. So zeigen Sie dem Hund, dass Sie das, was da entgegenkommt, weder interessant noch bedrohlich finden und sich nicht von Ihrem Weg abbringen lassen.

Beim Spaziergang bringt »Bei Fuß« über einen am Boden liegenden Baumstamm Abwechslung. Sie stehen dabei ganz dicht neben dem Baumstamm, der Hund sitzt auf dem Baumstamm bei Fuß. Nun gehen Sie los, Ihr Vierbeiner geht auf dem Baumstamm mit. Je schmäler und länger der Stamm, umso schwerer die Übung. Das Ganze mal mit langsamer und mal mit flotter Gangart bringt zusätzlich Würze ins Training.

Wenn es nicht klappt: Gehen Sie einen Bogen statt einer 180-Grad-Wendung? Ist Ihr Tempo beim Umkehren das gleiche wie beim Gehen? Oder wenden Sie zu wenig überraschend, sprechen den Hund dabei an oder warten, ob er mitkommt? Das alles ist zu wenig prägnant für Ihren Hund. Ihr Vierbeiner will nicht auf den Baumstamm? Ist dieser zu hoch? Sind dem Hund solche Dinge grundsätzlich suspekt? Dann versuchen Sie lediglich, ihn spielerisch mit Happen und ohne Kommando auf einen niedrigen Baumstamm zu locken, um ihn so daran zu gewöhnen. Der Vierbeiner konzentriert sich unterwegs auf die Passanten? Gehen Sie zu langsam und konzentrieren sich selbst darauf? Gehen Sie zögerlich und warten, was der Hund jetzt macht? Notfalls nehmen Sie einen Happen zu Hilfe und führen den Hund damit »Bei Fuß« an den Passanten vorbei.

Warten im und am Auto

Kennen Sie das? Die Heckklappe geht auf, und schwups ist der Hund draußen. Das kann gefährlich werden, vor allem dann, wenn sich rund ums Auto einiges tut! Also heißt es, dem Hund zu zeigen, dass er stets auf die Erlaubnis zum Aussteigen warten muss. Und auch die ist kein Freibrief zum Lospreschen, sondern dann wird erst einmal sitzen geblieben.

Bei dieser Übung sind Genauigkeit und Konsequenz gefragt – denn egal, wo Sie parken, der Vierbeiner muss immer »geordnet« aussteigen. Lernen Sie, den Vierbeiner vor allem mit Ihrer Körpersprache in einem klar begrenzten Bereich zu halten. Man könnte auch das Kommando »Sitz« oder »Platz« geben, aber dann müsste man darauf achten, dass der Hund nicht sitzt, statt liegt, oder umgekehrt. Im Auto warten ist aber eigentlich keine Sitz- oder Platzübung unter Ablenkung. Vielmehr soll der Vierbeiner lernen, nicht ohne Erlaubnis diesen Bereich zu verlassen. Ob er dabei liegt, steht oder sitzt, ist egal, er darf jedoch nicht über die »rote Linie« treten.

Gezielt üben: Trainieren Sie zunächst ohne Ablenkung und vor allem ohne Zeitdruck – am besten zu Hause. Wenn Sie den Hund ohne Box im Wagenheck haben, müssen Sie einen ziemlich großen Bereich absichern. Das ist für den Anfang nicht optimal. Verkleinern Sie den Laderaum daher etwa mit einem größeren Karton oder Koffer, den Sie seitlich in das Heck stellen. Nun kann es losgehen.

▶ Setzen Sie den Vierbeiner ins Heck oder lassen Sie ihn selbst einsteigen. Er möchte wieder heraus? Dann schieben Sie ihn sehr entschlossen und ernst wieder zurück. Das tun Sie so oft, bis er nicht mehr versucht herauszuspringen, sondern entspannt im Auto bleibt. Reagieren Sie rechtzeitig. Bleiben Sie konzentriert, aber nicht nervös dicht am Auto stehen. Sollte es Ihrem Vierbeiner dennoch gelungen sein, das Auto zu verlas-

Übung **1** Fehlstarts schon im Ansatz vermeiden.

Übung **3** Jetzt kommt die Erlaubnis zum Aussteigen.

Übung 4 | Gleich anschließend heißt es »Sitz«.

sen, verfrachten Sie den Drängler so rasch wie möglich wieder ins Auto. Erst wenn er etwa zwei, drei Minuten keine »Fluchtversuche« unternimmt, lassen Sie ihn mit dem Kommando »Hopp« aussteigen.

► Noch bevor Ihr Hund den Boden erreicht, kommt Ihrerseits ein »Sitz«, sodass er sofort sitzt und nicht erst herumläuft. Eine Extra-Belohnung braucht der Vierbeiner nicht. Diese besteht bereits im Aussteigen, wenn er geduldig gewartet hat. Auch für das Sitzen muss er nicht extra belohnt werden, denn ein »Sitz« ohne Ablenkung sollte keine Herausforderung mehr sein.

► Klappt die Übung wie beschrieben, schließen Sie bei der nächsten Trainingseinheit die Heckklappe. Nach einer kurzen Wartezeit öffnen Sie sie. Aber nur so weit, wie der Vierbeiner keinerlei Anstalten zum verfrühten Aussteigen macht. Sonst geht die Klappe rasch wieder nach unten. Falls nötig, so oft, bis der ungeduldige Schüler bei offener Klappe brav wartet.

Hinweis: Fährt Ihr Hund auf dem Rücksitz mit, üben Sie wie vorher beschrieben. Statt der Heckklappe ist es dann die Autotür, die langsam geöffnet wird. Benutzen Sie eine Box, schließen Sie deren Tür von Anfang an und fahren fort, wie für die Heckklappe beschrieben. Die »rote Linie« ist der Ausgang der Box.

Wichtig: Sprechen Sie während des Trainings nicht mit dem Hund. Viel reden bringt nur unnötig Unruhe in die Situation. Vor allem Ausdauer, Geduld und Beharrlichkeit bringen Sie ans Ziel. Funktioniert das Warten zu Hause problemlos, üben Sie an anderen ruhigen Stellen in Ihrer Umgebung. Möchten Sie die Übung lieber mit Leine trainieren, legen Sie sie dem Hund schon beim Einsteigen ins Auto an.

Wenn es nicht klappt: Reagieren Sie möglicherweise nicht rasch genug oder zu zaghaft? Schieben Sie Ihren Vierbeiner zu wenig beherzt zurück, vielleicht weil er Ihnen leidtut, wenn er warten muss? Hat Ihr Hund zu viel Energie? Sind Sie zu angespannt oder hektisch? Ist es um Ihr Auto herum unruhig?

Trainings-programm für
Stufe 2

Die erste Stufe ist geschafft, und Sie können sicher schon Erfolge sehen!
Ausdauer und Ruhe Ihres Vierbeiners haben sich gesteigert, und Zwei- und
Vierbeinern macht das Training Spaß. Nun geht es, teilweise schon mit neuen
Übungen, weiter. Wird eine Übung aus der letzten Lektion nun einen Tick
schwieriger, beginnen Sie die »Unterrichtsstunde« am besten mit der Stufe,
die Ihr Hund bereits beherrscht. Eine bekannte Übung ist ein guter Einstieg
und stimmt den Hund auf die »Schule« ein. Und falls dem Vierbeiner eine
Übung schwerfällt, gehen Sie zunächst wieder eine Stufe zurück.

Rund um Training und Alltag

Bevor es mit den Übungen für die zweite Stufe losgeht, hier noch einige Infos rund um die Themen dieses Kapitels.

Das konditionierte Belohnungswort

In manchen Übungssituationen ist es nicht gut möglich, eine Belohnung im optimalen Augenblick zu geben – etwa, wenn Sie Ihren wenig kooperativen Vierbeiner daran gewöhnen möchten, sich überall anfassen zu lassen. Beispiel Pfote: Ihr Hund verhält sich schön ruhig, während Sie seine Pfote in der Hand halten. Kurz bevor Sie sie loslassen, müsste er belohnt werden. Ihm jetzt einen Belohnungshappen zu geben, funktioniert jedoch nicht, denn Ihre Hände sind ja im Einsatz. Dann hilft ein konditioniertes Belohnungswort, das dem Vierbeiner den Happen ankündigt.

Dazu bereiten Sie sich unabhängig von einer Übung 10 bis 15 kleine weiche Häppchen vor. Nun sagen Sie Ihr Hörzeichen, beispielsweise »Klasse« und geben dem Hund unmittelbar danach einen Happen. Wiederholen Sie das Hörzeichen »Klasse« mit der anschließenden Gabe des Happens so oft, bis alle Leckerchen weg sind. Üben Sie an zwei bis drei Tagen hintereinander. Dann weiß der Vierbeiner: Klasse = Das habe ich richtig gemacht, jetzt kommt gleich das Häppchen. Für das Pfoten-Beispiel bedeutet dies: Kurz bevor Sie die Pfote loslassen, sagen Sie Ihr Belohnungswort, danach holen Sie das Leckerchen aus der Tasche und geben es dem Hund.

Das Training mit Artgenossen

Wenn sein Vierbeiner mit anderen Hunden über die Wiese tobt, freut sich auch der Zweibeiner. Auf der anderen Seite nervt es aber Hundebesitzer häufig, dass ihr Liebling mit jedem Hund spielen möchte, dem er begegnet, und auch an der Leine dorthin zerrt. Um das zu verbessern, gibt es in diesem Buch Übungen mit anderen Hunden. Wie halten Sie es? Lassen Sie die Hunde vorher miteinander spielen, damit sie sich begrüßen und austoben können und sich dann besser auf Sie konzentrieren? Vorsicht Falle! Wenn Ihr Vierbeiner nämlich jeden Artgenossen begrüßen und und mit ihm spielen darf, bevor er etwas mit Ihnen zusammen macht, ist das für den Alltag kontraproduktiv.

Stellen Sie sich vor, Sie gehen samt Hund und Einkaufstüten durch die Stadt oder sind in einem Restaurant, und Ihr 30-kg-Vierbeiner sieht einen Artgenossen, den er gewohnheitsmäßig begrüßen möchte … Da kommt wenig Freude auf, wenn Ihr Hund dann mit Jaulen und Bellen seinen Frust zeigt und keine Anstrengung scheut, sein Ziel zu erreichen. Also besser von Anfang an eine klare Linie einhalten. Das heißt, der Hund wird vor dem Treffen mit vierbeinigen Trainingspartnern ausgelastet, und an der Leine gibt es keinen Hundekontakt. Anschließend wird ohne vorheriges Begrüßungsritual trainiert. So gewöhnt er sich problemlos daran, nicht zu jedem Artgenossen zu dürfen. Das gilt natürlich für ungeplante Hundebegegnungen unterwegs ebenso.

Die Hormone

Vor allem junge, geschlechtsreife Rüden, aber auch ältere Rüden folgen mit aller Macht dem Ruf der Hormone. Das heißt, der Geruch einer Hündin, selbst wenn sie nicht läufig ist, kann Rüden schon aus dem Konzept bringen. Artgenossen sind nun nicht mehr nur Spielpartner, sondern man versucht Geschlechtsgenossen und Hundedamen zu beeindrucken. Dieses Verhalten normalisiert sich aber oft wieder.

Hündinnen sind hormonbedingt zeitweise ebenfalls »out of order«. Wichtiges zu diesem Thema erfahren Sie auf den Seiten 44, 45 und 49.

Warten im Auto

Diese wichtige Übung ist auch in diesem und in den folgenden Kapiteln wieder ein Thema. Sie ist beispielsweise sehr hilfreich, wenn der Hund besonders territorial ist und daher Heck und den Bereich um das Auto verteidigen will. Oder wenn er sich mit Artgenossen nicht verträgt und wie eine Furie aus dem Auto schießen möchte. Auch im umgekehrten

Ist Ihre Hündin läufig oder riecht Ihr Rüde läufige Hundedamen, verhindert Anleinen unerwünschte Stelldicheins.

Fall, also wenn er etwa jeden begrüßen und mit ihm spielen möchte, ist ein geordnetes Aussteigen von großem Nutzen. Eine besondere Herausforderung kann es ein, wenn mehrere Hunde mitfahren und diese dann aussteigen dürfen.

Systematisches Training und Genauigkeit sind auch hier besonders wichtig. Eine Hundebox macht das Ganze zwar etwas einfacher, weil sie immer noch geschlossen ist, wenn die Heckklappe geöffnet wird. Aber auch aus der Box ist geregeltes Aussteigen Pflicht.

Denken Sie immer daran, dass Sie den Hund überall kontrolliert aussteigen lassen – selbst dann, wenn Sie in der Einöde parken. Denn gelingt es ihm auch nur manchmal, nach eigenem Gutdünken das Auto zu verlassen, und erreicht er womöglich auch noch das anvisierte Ziel (anderer Hund, Duftmarke, Mensch), wird er es immer wieder versuchen.

Die »Bleib«-Übungen

Dass der Vierbeiner allein an einer bestimmten Stelle sitzen oder liegen bleibt, ist im Alltag ebenfalls oft praktisch. Allerdings können Sie nur dann Ihren Vierbeiner allein liegen oder sitzen lassen, wenn er sich Menschen und seiner Umwelt gegenüber ausgeglichen und gelassen verhält. Geht jemand nah an ihm vorbei oder bleibt gar bei ihm stehen, sollte der Hund weder misstrauisch noch ängstlich oder territorial reagieren. Doch braucht man eigentlich für das Bleiben ein eigenes Hörzeichen? Ein »Sitz« oder »Platz« sind doch eindeutige Signale, gleich, ob man neben oder vor dem Hund steht oder wo auch immer. Im Prinzip ist das richtig. Aber in der täglichen Routine passiert es sehr oft, dass nicht jedes »Sitz« oder »Platz« auch wieder aufgelöst wird. Man hat den Hund bei Fuß, steht an der roten Fußgängerampel, und der Hund setzt sich automatisch. Bei Grün geht man weiter, vergisst dabei das »Fuß« und geht einfach so los. Und schon ist der Wurm drin. Manche Hundehalter üben das »Bleib« folgendermaßen: Gehen sie mit dem rechten Bein los, soll der Hund allein sitzen oder liegen bleiben. Soll er dagegen mitlaufen, kommt zuerst das linke Bein zum Einsatz. Das ist in Ordnung. Aber Hand aufs Herz – möchten Sie immer daran denken müssen, mit welchem Bein Sie Ihrem Hund jetzt was signalisieren wollen? Falls nicht, ist es für Sie und Ihren Vierbeiner praktisch, wenn Sie das Hörzeichen »Bleib« verwenden, kurz bevor Sie sich vom Hund entfernen.

Beim »Kommen auf Ruf« beachten

Auch in diesem Kapitel ist wieder das »Kommen auf Ruf« an der Reihe. Denken Sie daran, dass Sie immer den gleichen Ablauf beibehalten, wenn Sie den Vierbeiner mit Ihrem für das Kommen gewählten Hörzeichen rufen. Ihr Hund kommt also und setzt sich nun direkt und dicht vor Sie. Wenn Sie möchten, belohnen Sie ihn jetzt. Soll er an die Leine (vor allem, wenn er sich von Außenreizen leicht ablenken lässt), machen Sie das, solange er noch vor Ihnen sitzt. So vermeiden Sie, dass er womöglich doch noch entwischt. Anschließend lassen Sie ihn, auch wenn er nicht angeleint wurde, mit »Fuß« an Ihrer Seite »einparken«. Jetzt können Sie ihn, je nach Situation, wieder laufen lassen oder angeleint lassen.

Noch ein Tipp: Rufen Sie den noch nicht völlig routinierten Vierbeiner nicht immer nur dann, wenn Sie ihn von etwas wegrufen möchten. Hunde lernen schnell, zunächst einmal die Umgebung zu scannen und zu erfassen, was denn da Interessantes des Weges kommt. Rufen Sie ihn deshalb immer wieder einmal – auch völlig grundlos – zu sich. Achten Sie beim Kommen auf einen festen, aber motivierenden Tonfall und werden Sie nicht hektisch und nevös. Letzteres zeigt Ihrem Vierbeiner nämlich erst recht, dass irgendetwas Besonderes »im Busch« sein muss.

Trainingsplan Stufe 2

Eine Trainingseinheit umfasst am besten nur ein bis zwei Übungen. Was in Alltagssituationen super klappt, muss nicht noch extra geübt werden. Außer eine Übung kommt im Alltag nur selten zum Einsatz.

Übungen	Wie oft?
Stehen	mehrmals wöchentlich
Warten im Auto	am besten täglich
Bleiben im Sitzen	1-mal täglich
Kommen auf Ruf	täglich
Bei Fuß	mehrmals wöchentlich
Bleiben im Platz	1-mal täglich
Hinten bleiben	2-mal täglich, nicht jeden Tag

Die Übung »Hinten gehen«

Auf einem schmalen Wanderweg oder weil mehrere Leute entgegenkommen, ist es praktisch, wenn Sie den Hund hinter sich laufen lassen können. Oder wenn Ihr Vierbeiner vor etwas Angst hat, zum Beispiel vor Kindern. Auf diese Weise schirmen Sie ihn ab und gehen möglichen Konflikten aus dem Weg. Aber auch für einen Hund, der oft meint, er müsste alles im Blick haben, ist es eine gute Übung, ihn einmal auf die »billigen« Plätze zu verweisen.

Die Übung »Stehen«

Ruhiges Stehen ist nützlich beim Bürsten, aber auch beim Tierarzt, bei verschiedenen Hundesportarten oder wenn man seinen Vierbeiner auf einer Hundeausstellung präsentieren möchte. Es ist auch praktisch, um zu vermeiden, dass der Hund sich zum Beispiel an Ihrer Seite setzt, wenn der Untergrund sehr verschmutzt ist. Anders als bei den »Duldungsübungen« (→ Seite 28) geht es hier nicht darum, den Hund körperlich in der Bewegungsfreiheit einzuschränken, sondern ihm ein positives Stehen beizubringen. Da das Stehen eine ruhige Übung ist, müssen auch Sie Ruhe ausstrahlen – sowohl in Ihrer Stimme als auch mit Ihrer Körpersprache. Lediglich wenn Sie den Vierbeiner aus dem Sitzen zum Stehen animieren, darf es etwas mehr Action sein. Sobald Ihr Hund dann steht, schalten Sie jedoch sofort auf Ruhe um.

Gezielt üben: Es gibt zwei Möglichkeiten, das Stehen zu üben.
► Sie begeben sich in die Hocke, der Hund befindet sich quer vor Ihnen. Falls er sitzt, halten Sie ihm ein Häppchen vor die Nase und führen es auf Nasenhöhe nach vorn vom Hund weg. Er wird folgen und aufstehen. Nun stoppt Ihre Hand, der Vierbeiner darf am Happen knabbern. Legen Sie die andere Hand auf seine Bauchunterseite. So unterstützen Sie zusätzlich das Stehen. Während der Hund steht, sagen Sie gedehnt und ruhig »Steeeh«. Dann bekommt er den Happen, und Sie lösen die Übung auf.
► Bei dieser Variante befindet sich der Hund längs vor Ihnen, und Sie stehen. Angenommen, er sitzt zu Beginn der Übung, nehmen Sie einen Happen, wie oben beschrieben, und bewegen ihn vor der Nase des Hundes nach vorn. Sie gehen dabei etwas rückwärts, bis der Hund steht. Jetzt bleiben Sie stehen, lassen auch die Hand mit dem Happen an Ort und Stelle, und

der Hund darf daran knabbern. Auch hier kommt wieder ein ruhiges »Steeeh«. Jetzt gibt es den ganzen Happen. Auflösen der Übung nicht vergessen!

Mit der Zeit dehnen Sie die Übung aus. Das Leckerchen zum Locken bleibt mit zunehmendem Können weg. Die Handbewegung, die Sie mit dem Happen gemacht haben, behalten Sie bei. Nun gibt es erst am Ende der Übung ein Leckerchen.

Umsetzung im Alltag: Verwenden Sie das »Steh« beim Bürsten. Zu Beginn ist es hilfreich, auf einer begrenzten Fläche (beispielsweise am Rand der Terrasse) zu üben, statt auf dem Rasen, der eine größere Fläche bietet und womöglich zum Losgehen einlädt. Gestalten Sie die Bürste-Einheit zunächst kurz und erst allmählich länger.

Üben mit anderen Hunden: Vom Stehen zum Losgehen ist es nur ein kleiner Schritt. Deshalb kann die Steh-Übung zusammen mit Artgenossen durchaus anspruchsvoll sein. Üben Sie in einer ruhigen Situation. Lassen Sie den Hund neben oder vor sich stehen. Das andere Team steht mit Abstand neben Ihnen. Der Artgenosse sitzt neben seinem Zweibeiner.

Wichtig: Achten Sie besonders beim Stehen darauf, dass der Abstand zum anderen Hund groß genug ist. Und erinnern Sie Ihren vierbeinigen Schüler rechtzeitig mit einem »Steh«, wenn er Anstalten macht, den Artgenossen zu besuchen.

Wenn es nicht klappt: Setzt sich der Hund beim Üben immer wieder? Dann halten Sie den Happen vermutlich zu hoch. Geht er mit dem Leckerchen vor der Nase weiter, statt stehen zu bleiben? Halten Sie Ihre Hand ganz ruhig, sobald der Vierbeiner steht, und bewegen Sie sie nicht weiter vom Hund weg. Ist der Hund insgesamt hibbelig? Dann ist vielleicht Ihre Stimme oder Ihre Körpersprache noch nicht ruhig genug.

Übung 3 Ruhiges Stehen hilft beim Bürsten.

Übung 4 Stehen verlockt leicht zum Losgehen.

43

Rund um Pubertät und Kastration

Die Pubertät ist für viele Hundehalter schon fast ein Schreckgespenst und wird mit großen Vorbehalten erwartet. Läuft der Hund in dieser Zeit dann – aus unserer Sicht gesehen – tatsächlich in irgendeiner Form aus dem Ruder, scheint das Kastrieren das beste Mittel der Wahl zu sein, um den Vierbeiner wieder »in die Spur« zu bringen. Doch so einfach ist die Sache nicht zu betrachten.

1 Die Pubertät

Sie ist die Zeit, in der der Hund geschlechtsreif wird. Das geschieht meist im Lauf des zweiten Lebenshalbjahres, kann aber auch erst jenseits des ersten Geburtstages sein. Kleinere Rassen sind oft frühreif, viele große Rassen Spätentwickler. Hebt er das Bein oder wird läufig, ist der Vierbeiner zwar geschlechtsreif, aber noch nicht erwachsen. Das ist erst mit etwa zwei Jahren der Fall, bei spätreifen Rassen erst mit zweieinhalb bis drei Jahren.

Pubertät und Erwachsenwerden bringen es mit sich, dass der Hund nicht im abhängigen Welpenstadium verharrt, sondern sich weiterentwickelt. Die bei Rassehunden rassespezifischen Eigenschaften wie Wach- und Schutzinstinkt oder jagdliche Fähigkeiten treten jetzt mehr und mehr in Erscheinung, und der Hund wird selbstständiger.

Neue Interessen: Durch die »Umbauarbeiten« im Gehirn und hormonellen Entwicklungen dieser Phase können neue Interessen des Vierbeiners das Interesse an seinem Zweibeiner zeitweise etwas beeinträchtigen. So werden Rüden, je nach Hormonspiegel, ein mehr oder weniger ausgeprägtes Interesse an Hündinnen entwickeln. Mit Geschlechtsgenossen gibt es die eine oder andere »Diskussion«. Manche Hundedamen reagieren ihresgleichen gegenüber zickig. Da sich der Vierbeiner intensiver für seine Umwelt interessiert, führt es manchmal zu Konflikten, wenn Herrchen oder Frauchen gerade etwas vom Hund möchte, der aber offenbar die Ohren auf Durchzug geschaltet hat.

Nicht immer ist die Pubertät schuld: Man macht es sich zu einfach, wenn man mangelnde hündische Kooperationsbereitschaft in dieser Zeit allein auf die Pubertät schiebt. Was sich jetzt bemerkbar macht, sind oft einfach Erziehungsdefizite in der Welpen- und Junghundezeit. Wer es bisher mit der Erziehung nicht so genau genommen hat, muss sich nicht wundern, wenn das der Hundeteenie jetzt genauso macht und Frauchen/Herrchen nicht wirklich ernst nimmt. Er kennt es ja nicht anders. Wie sehr der Vierbeiner in dieser Zeit auf stur schaltet und Grenzen austestet, ist aber auch eine Sache seiner Persönlichkeit. Ein von der Veranlagung her schon eigenständiger oder etwas dickköpfiger Vierbeiner wird hier höhere Ansprüche an die Führungsqualitäten seines Zweibeiners stellen. Noch dazu, wenn Letzterer eher nachlässig in der Erziehung war. Ein Hund, der sich von selbst sehr an seinem Menschen orientiert und von klein auf gut erzogen und geführt wurde, wird dagegen wenig »Auffälligkeiten« zeigen. Deshalb merkt man von der Pubertät bei manchen Hunden mehr, bei anderen weniger.

Das ist mir unheimlich: Im Lauf des Erwachsenwerdens zeigen viele Hunde die eine oder andere Phase der Unsicherheit. Da ist plötzlich eine Mülltonne oder ein auffälliger Mensch dem Vierbeiner suspekt. Erst recht in der Dunkelheit. Hier ist es wichtig, dass Sie selbst entspannt bleiben. Suspekte Gegenstände erkunden Sie nach Möglichkeit mit dem Hund, bei Menschen lenken Sie ihn ab. Je robuster das angeborene Nervenkostüm des Vierbeiners ist, umso weniger Unsicherheiten treten auf.

Hypersexualität ist Stress für den Hund. Hier hilft eine Kastration.

Gegen rassespezifische Eigenschaften oder mangelnde Erziehung hilft eine Kastration nicht.

Bei mangelnder Auslastung kann nur genügend Beschäftigung »heilen«.

2 Die Kastration

Macht der Vierbeiner Probleme, wird oft schnell die Kastrationskeule geschwungen. Doch eine Kastration macht weder aus einem unerzogenen Vierbeiner einen erzogenen noch aus einem temperamentvollen einen Couch-Potato. Auch rassespezifische Eigenschaften verschwinden dadurch nicht. Bevor man eine Kastration in Erwägung zieht, sollten eine sorgfältige Erziehung, ausreichend mentale Beschäftigung und Bewegung ganz oben auf der Liste stehen.

Der Rüde: Wenn ein Rüde trotz entsprechender Haltung und Erziehung Hormonstress hat, ist eine Kastration durchaus sinnvoll. Etwa dann, wenn er jeder Hündin zähneklappernd oder aufreitend am Hinterteil hängt und nur noch »Fortpflanzen« im Kopf hat. Auch dann, wenn er deshalb in jedem Geschlechtsgenossen einen Konkurrenten sieht, den es zu bekämpfen gilt. Oder wenn er, sobald in der Nähe eine Hündin läufig ist, ausbüxt, tagelang unruhig ist, jammert und jault und nichts frisst. Hier erspart eine Kastration nicht nur dem Menschen, sondern auch dem Hund unnötigen Stress. Nachteilig wirkt sich eine Kastration aus, wenn der Rüde ein ängstlicher Typ ist. Angst kann sich bei ihm dadurch verschlimmern. Ebenso Aggressionsformen, die nicht mit dem Sexualhormon Testosteron zusammenhängen. Um die Auswirkungen einer Kastration zu testen, ist es sinnvoll, einen Rüden zunächst durch einen Hormonchip chemisch kastrieren zu lassen. Nach einer Anlaufzeit wirkt dieser rund sechs Monate.

Die Hündin: Bei ihr ist eine Kastration dann sinnvoll, wenn sie während der Läufigkeit sehr zickig oder gar aggressiv Artgenossen gegenüber reagiert oder bei Scheinträchtigkeit niedergeschlagen bis apathisch wirkt. Auch ein zyklusbedingtes stressanfälliges Nervenkostüm kann sich bei der Hündin dadurch stabilisieren. Neigt eine Hündin grundsätzlich zu aggressivem Verhalten, hilft eine Kastration nicht, sondern verschlimmert dieses Verhalten eher. Da sich die Geschlechtshormone nicht nur auf die Fortpflanzungsfähigkeit auswirken, sollten Rüde wie Hündin nach Möglichkeit nicht kastriert werden, bevor sie nicht geschlechtsreif sind. Das gilt auch für die chemische Kastration beim Rüden.

Warten im und am Auto

Ihr Hund ist jetzt so weit, dass er entspannt im Auto liegt, wenn rundherum nichts los ist. Jetzt kommt das Anleinen mit dazu. Denn wenn man den Vierbeinern die Leine anlegt, sind die meisten schlagartig wieder auf dem Sprung, da die Leine in dieser Situation so gut wie immer das Zeichen ist für: »Jetzt geht es los!« Deshalb gewöhnen Sie den Hund daran, auch dann ruhig zu bleiben. Achten Sie im Alltag stets darauf, den angeleinten Hund nicht ohne Erlaubnis aussteigen zu lassen. Nur so kann das problemlose Anleinen klappen. Auch ein wenig Ablenkung am Auto steht jetzt auf dem Programm.

Gezielt üben: Der Hund ist im Auto. Sie öffnen die Heckklappe. Warten Sie ein paar Momente, ob der Vierbeiner entspannt ist.

► Nun legen Sie ihm die Leine an. Achtung, reagieren Sie rechtzeitig, wenn er jetzt nach draußen drängt. Schieben Sie den Vierbeiner dann entschlossen wieder zurück ins Auto. Legen Sie die Leine ab.

► Nehmen Sie die Leine nach ein paar ruhigen Momenten nun wieder in die Hand und schieben Sie den Hund erneut zurück, wenn er aussteigen möchte. Das machen Sie so lange, bis Sie die Leine aufnehmen können und der Vierbeiner trotzdem völlig unaufgeregt bleibt.

► Behalten Sie die Leine in der Hand und bleiben Sie noch eine Weile so stehen. Erst dann darf der Hund aussteigen. Fährt Ihr Vierbeiner auf dem Rücksitz mit und ist mit einem Hundesicherheitsgurt gesichert, dann kann das Lösen dieses Gurts für ihn schon das Signal zum Hinausstürmen sein. Auch hier sollten Sie rasch reagieren und ihn zurückschieben.

Umsetzung im Alltag: Suchen Sie sich einen nicht zu stark besuchten Parkplatz, allerdings darf es dort durchaus etwas lebhafter zugehen. Passanten sollten aber nicht zu nah am Auto vorbeigehen.

Übung 1 **Der Hund wartet unangeleint im Auto.**

► Öffnen Sie die Heckklappe und warten Sie wieder kurz. Sprechen Sie nicht mit dem Hund. Nun leinen Sie ihn an, lassen die Leine aber im Auto liegen. Bleiben Sie dicht am Auto. Wenn jetzt jemand vorbeigeht, behalten Sie den Hund im Auge, bleiben aber ruhig.

► Sollte er überlegen auszusteigen, stellen Sie sich frontal und zu ihm gerichtet vor das Heck und ermahnen ihn etwa durch ein knurriges Räuspern mit ernstem Blick.

► Entspannt er sich tun auch Sie das und gehen wieder etwas zur Seite. Denken Sie daran – die »Bedrohung« endet, wenn der Hund sich, wie erwünscht verhält (→ Das richtige Timing, Seite 24).

► Wie lange Sie ihn nun so im Auto warten lassen, entscheiden Sie. Anschließend nehmen Sie die Leine auf.

► Warten Sie ein paar Momente und lassen Sie ihn dann aussteigen. Aber nur, wenn er nicht herausdrängt. Nicht vergessen: Noch bevor Ihr Hund den Boden erreicht, sagen Sie »Sitz«.

Übung **2** Die Leine sagt ihm: »Jetzt geht's los.«

Übung **3** Irrtum – auch angeleint wird gewartet.

Denken Sie daran, auch wenn Sie in Eile sind. Rasch bürgert sich sonst wieder »automatisches« Aussteigen ein.

▶ Nun können Sie beispielsweise mit Ihrem Vierbeiner spazieren gehen. Wenn Sie nach dem Spaziergang zurückkommen, geht es ans Einsteigen.

▶ Auch zum Einsteigen sollten Sie den Vierbeiner zunächst sitzen lassen. Sie können für das Aus- und Einsteigen dasselbe Hörzeichen, etwa »Hopp«, verwenden. Denn er muss jedes Mal einen Sprung machen.

Hinweis: Falls Sie Ihren vierbeinigen Mitfahrer ins oder aus dem Auto heben, sollten Sie trotzdem ein Hörzeichen als Signal dafür, dass jetzt aus- oder eingestiegen wird, verwenden.

Üben mit zwei Hunden: Nachdem der Trend zum Zweit- oder gar zum Dritthund geht, ist so mancher Hundehalter mit mehreren Hunden im Fahrzeug unterwegs. Ist nicht jeder Hund separat in einer eigenen Box untergebracht, drängen also womöglich gleich zwei oder mehr Hunde aus dem Auto. Jeder will

der Erste sein, und der Drang nach draußen steckt untereinander an. Vor allem dann, wenn die Hunde draußen auch noch etwas sehen, das sie sehr interessiert.

Haben Sie einen älteren Hund, der zuverlässig nicht ohne Erlaubnis aussteigt, und dazu einen jungen Zweithund, dann können Sie das Warten mit dem jüngeren auch dann üben, während der ältere Vierbeiner im Auto bleibt.

Haben Sie aber Hunde, die alle gleichzeitig nach draußen drängen, sollten Sie unbedingt mit jedem einzeln das Warten üben. So können Sie sich auf jeden Hund konzentrieren und der Vierbeiner sich ebenso gut auf Sie. Erst wenn jeder einzelne Vierbeiner das Warten gut beherrscht, kann es mit beiden oder mehreren Hunden funktionieren.

Beginnen Sie bei dieser Übung mit der einfachsten Variante, also zu Hause und ohne Ablenkung. Gewöhnen Sie Ihre Vierbeiner aber auch schon daran, nacheinander auszusteigen. Dazu nennen Sie bereits bei den »Einzelstunden« stets zuerst

Übung 4 Warten im Auto mit Leine in der Stadt.

Übung 5 Wichtig: Aussteigen und dann Sitzen.

den Namen und nach einer kurzen Pause dann das Hörzeichen für das Aussteigen. So weiß jeder Hund, wann er dran ist.

Aussteigen darf im Zweifel der Vierbeiner als Erster, der sich am unaufgeregtesten zeigt. Ungeduldige müssen länger warten und lernen so, dass ihnen das nichts bringt. Auch oder gerade bei mehreren Hunden kommt vor dem Einsteigen und nach dem Aussteigen das Sitzen am Auto. So wird jede Unternehmung mit dem Auto zumindest in diesem Punkt stressfrei für Mensch und Tier!

Wenn es nicht klappt: Der Hund steigt nicht ein? Falls keine gesundheitlichen Probleme bestehen, versuchen Sie es mit einem größeren und ausgesprochen leckeren Happen. Zeigen Sie ihn dem Hund mit spannender Stimme und werfen Sie den Happen weit ins Heck. Das reicht oft schon.

Vielleicht braucht der Vierbeiner aber auch einen größeren Anlauf. Dann lassen Sie ihn aus größerem Abstand zum Heck starten. Aber machen Sie kein Drama aus der Situation, denn wenn Sie

sich verkrampfen oder ärgerlich sind, verunsichert das den Vierbeiner erst recht. Also locker bleiben.

Der Hund bleibt trotz Üben unruhig, sobald die Leine dran ist? Gehen Sie in sich: Können Sie selbst es vielleicht auch nicht mehr erwarten, bis Ihr Hund endlich aussteigen kann, um seinen Spaß zu haben? Leinen Sie ihn daher etwas hektisch an? Hört er vielleicht ein freudiges »Ja, gleich darfst du raus!« oder etwas in der Art? Er versteht natürlich nicht den Wortlaut, aber Ihre Stimmlage lässt ihn aktiv werden.

Loben Sie Ihren Vierbeiner immer überschwänglich beim Aussteigen? Das steigert seine Erwartungshaltung. Außerdem müssen Sie ihn nicht loben, denn das Aussteigen ist doch seine Belohnung. Auch wenn Sie sich freuen, dass alles gut klappt – bleiben Sie auf jeden Fall cool.

Bewegen sich Passanten zu nah ums Auto? Dann lassen Sie die Heckklappe zu, bis diese vorbei sind.

Hormone –
Übungen für Rüden

Kennen Sie das? Ihr Rüde winselt beim Geruch einer Hündin aufgeregt, ist schier nicht mehr ansprechbar und hängt in der strammen Leine. An weiblichen Düften schnüffelt sich so mancher Hundemann oft zähneklappernd und schäumend fest und ist kaum zum Weitergehen zu bewegen. Frei laufend ist das nicht unbedingt ein Problem, denn wenn Sie weitergehen, kommt der Hund schon. Aber angeleint bzw. immer dann, wenn er gerade eine Übung ausführt, soll er sich ordentlich benehmen. Auch markiert wird dann nicht.

Nicht alle Rüden reagieren so »kopflos« auf die weibliche Verführung, aber wenn, zerrt das an den Nerven so manchen Zweibeiners. Da man als Mensch leider nicht erkennen kann, welcher interessante Duft sich wo am Boden befindet, und Begegnungen mit Hündinnen oft unvorhersehbar sind, ist Training unterwegs schwierig.

Die weibliche Versuchung: Für das konzentrierte Training mit Ihrem Rüden trotz weiblicher Anwesenheit können Sie aber versuchen, eine vierbeinige Trainingspartnerin zu finden. Eine echte Herausforderung kann das sein, wenn die Hündin bald läufig wird oder es vor Kurzem war. Bei verabredeten Treffen lassen sich auch Duftmarken für das Training nutzen.

▶ Behalten Sie Ihren Rüden an der Leine und warten Sie, bis die Hündin am Wegrand ein »Pfützchen« macht.

▶ Merken Sie sich die Stelle gut. Nun können Sie alle möglichen Übungen rund um diese Stelle machen:

Zum Beispiel bei Fuß auf und ab laufen oder Ihren Rüden neben der Duftmarke sitzen lassen oder ins Platz legen. Je näher am verlockenden Geruch, umso schwieriger wird es.

▶ Erst wenn das problemlos klappt, kommen Bleib-Übungen im Sitzen und im Platz oder ein »Hier« aus dem Sitzen dazu. Je näher Ihr Rüde dabei an der Duftmarke vorbeimuss, desto größer ist die Herausforderung. Einfacher wird es, wenn Sie ihn zwischen Duftmarke und sich setzen und ihn dann zu sich rufen. Auch Ihre Position erleichtert oder erschwert die Übung, denn je größer Ihr Abstand zum Vierbeiner ist, desto geringer ist unter Umständen Ihr Einfluss.

▶ Gehen Sie langsam vor und verlangen Sie nicht zu viel von Ihrem Vierbeiner. Lassen Sie, wenn nötig, die Leine am Halsband, die Sie dann notfalls schnell aufnehmen.

So klappt es: Wichtig ist bei diesen Übungen Ihre Souveränität und innere Autorität, aber auch etwas besonders Tolles für Ihren Hundemann als lohnenswerte Alternative. Das kann sein Lieblingsball sein, der in die der Verlockung entgegengesetzten Richtung wegfliegt, oder auch ein Brocken Rindfleisch. Den Reiz dieser Alternative können Sie im Vorfeld schon erhöhen, indem der Vierbeiner einige Tage vorher Ballentzug bekommt oder wirklich Appetit hat.

Ganz wichtig ist, dass der Hund an der Leine keinen Kontakt zu Artgenossen hat. Sonst wird er immer wieder versuchen, zum Artgenossen zu kommen. Trainieren Sie neben Urinmarken oder gut riechenden Hundedamen nur bekannte Übungen. Auch das »Gesamtbild« muss stimmen. Es nützt nichts, wenn Sie hier zwar ernsthaft und systematisch üben, ansonsten Erziehung und Ausbildung aber eher schleifen lassen und/oder inkonsequent sind.

Übung **1** Zuerst ist die Familie die Ablenkung.

Übung **2** »Sitz und Bleib« vor fremder Gartentür.

Die Übung »Bleiben im Sitzen«

Dass der Vierbeiner kurze Zeit allein zuverlässig an einer Stelle sitzen bleibt, ist im Alltag immer wieder nützlich. Zum Beispiel, um nach dem Spaziergang schnell ein Handtuch zum Abtrocknen des Vierbeiners aus der Wohnung zu holen oder bei der Nachbarin kurz etwas abzugeben. Außerdem lernt der Hund durch diese Übung, auch etwaigen Reizen rund um ihn gelassen zu begegnen und sich davon nicht aus der Ruhe bringen zu lassen. Wichtig ist, dass der Hund nicht angespannt sitzt und auf dem Sprung ist, sondern völlig relaxed wartet.

Gezielt üben: Einfacheres Bleiben im Sitzen kann der Hund schon. Deshalb gibt es gleich mehr Bewegung um ihn herum.

▶ Lassen Sie ihn bei Fuß sitzen. Sitzt er ruhig, entfernen Sie sich mit einem ruhigen, festen »Bleib« einige Meter von ihm.

▶ Drehen Sie sich zum Hund und bleiben Sie dort einen Moment stehen. Nun gehen Sie sternförmig und unterschiedlich nah auf ihn zu und wieder von ihm weg. Er soll sich nicht mitdrehen und auch entspannt sein, wenn Sie auf ihn zugehen.

▶ Engagieren Sie auch Ihre Familienmitglieder für das Training. Entfernen Sie sich dazu wieder vom Hund wie beschrieben. Der Rest der Familie geht in der Nähe des Hundes hin und her, anfangs aber nicht zu nah am Hund vorbei.

▶ Klappt die Übung, gehen auch Sie umher.

▶ Beenden Sie die Übung, solange der Vierbeiner noch gelassen ist, spätestens aber, wenn er erste Anzeichen zeigt, dass es ihm zu lang wird. Also wenn er sich etwa die Schnauze leckt, gähnt oder mit den Pfoten unruhig wird.

▶ Sollte er im Begriff sein aufzustehen, gehen Sie gleich entschlossen, ernst und mit einem »Sitz« auf ihn zu. Das bremst ihn im Aufstehen.

Umsetzung im Alltag: Sie gehen mit Ihrem Vierbeiner spazieren und bringen bei dieser Gelegenheit Ihren Nachbarn schnell etwas vorbei (zum Beispiel ein Päckchen). Sie lassen den Hund

Übung **3** Bleiben, wenn Frauchen etwas versteckt.

Übung **4** »Bleib« trotz Artgenossen in der Nähe.

vor der Gartentür der Nachbarn mit dem Hörzeichen »Bleib« sitzen, gehen zur Haustür und klingeln. Sie geben das Päckchen ab, plaudern noch kurz und kehren dann zum Hund so zurück, dass er bei Fuß sitzt. Nun lösen Sie das Bleiben beispielsweise mit »Fuß« auf oder mit Ihrem extra Auflösungssignal, wenn er ohne Kommando an der Leine bleibt oder aber frei laufen darf.

Hinweis: Nützlich ist das Bleiben im Sitzen zum Beispiel auch dann, wenn Sie den Ball Ihres Vierbeiners verstecken möchten und den Hund dann auf Suche schicken. Da er anfangs beim Verstecken zuschauen darf, können Sie ihn problemlos absetzen, sich dann samt Ball ins Gebüsch schlagen, und Ihr Hund kann Sie dabei beobachten.

Üben mit anderen Hunden: Mit Artgenossen bekommt diese Übung noch eine gewisse »Würze« – wäre es für den Hund doch recht verlockend, mal einen Abstecher zu den anderen Hunden zu machen. Setzen Sie Ihren Vierbeiner ab und bleiben Sie mehrere Meter entfernt zum Hund gewandt stehen. Die anderen Teams gehen nun bei Fuß umher, sowohl vor wie auch hinter und seitlich an Ihrem Hund vorbei. Bleibt dieser gelassen, gehen nun auch Sie umher. Ein Team bewegt sich jetzt auch zwischen Ihrem Hund und Ihnen. Erst so, dass der »laufende« Mensch zwischen den beiden Hunden ist. Dann so, dass der zweite Hund direkt an Ihrem vorbeiläuft – mit mehr oder auch mit weniger Abstand.

Wenn es nicht klappt: Schauen Sie Ihren Hund dauernd an? Das fördert oft eine Erwartungshaltung, und der Vierbeiner wird ungeduldig. Sagen Sie das »Bleib« angespannt und wiederholt statt ruhig, bestimmt und nur einmal? Entfernen Sie sich angespannt und rückwärts gehend vom Hund? Dann kann auch der Vierbeiner nur schwer gelassen bleiben. Bewegen Sie sich zu schnell oder hektisch? Ist das zweite Mensch-Hund-Team zu nah an Ihrem Hund oder zu »mitreißend« in den Bewegungen? Das ist für Ihren Vierbeiner anfangs noch zu anspruchsvoll.

Übung 1 »Hier« an den Kindern vorbei.

Übung 2 Der Hund wird rechtzeitig gerufen.

Die Übung »Kommen auf Ruf«

Bei dieser Übung wird der Weg zwischen Ihnen und Ihrem Hund nicht durch einen unbeweglichen, stummen Gegenstand unterbrochen, sondern durch Ihre spielenden Kinder oder andere für Ihren Vierbeiner interessante Menschen. Außerdem wird auch zusammen mit anderen Hunden trainiert – sehr spannend! Wenn Sie sich beim Rufen bewegen, dann nie auf den Hund zu, sondern immer von ihm weg. Haben Sie den Eindruck, dass Ihr Vierbeiner unterwegs über einen Zwischenstopp nachdenkt, dann laufen Sie flott und vor allem rechtzeitig weg, also bevor er irgendwohin abgebogen ist.

Gezielt üben: Ihre Kinder spielen an einer Stelle im Garten. Sie sprechen miteinander, sind sogar recht laut und bewegen sich sicherlich. Vielleicht haben sie etwas verlockend Riechendes zum Essen dabei. Sie können nun zwei Varianten üben.

► Die einfachere Variante ist, den Vierbeiner abzusetzen, sodass er auf dem Weg zu Ihnen mehr oder weniger nah an den Kindern vorbeimuss. Die Kinder sind etwa auf halber Strecke. Die Distanz zu Ihnen wählen Sie nach Gartengröße und eigener Einschätzung Ihres Hundes. Je länger der Weg des Hundes ist und je näher er an den Kindern vorbeimuss, desto mehr könnte unterwegs dazwischenkommen.

► Bei der anderen Variante setzen Sie den Hund nicht ab, sondern rufen ihn unvorhergesehen, wenn er irgendwo anders im Garten, auf der Terrasse oder bei offener Terrassentür im Haus ist. Ihre Position wählen Sie so, dass der Hund, wie oben beschrieben, an den Kindern vorbeikommt. Jetzt ist die Aufmerksamkeit des Hundes nicht schon vor dem Rufen mehr oder weniger auf Sie und die Situation gerichtet. Seien Sie also aufmerksam und engagiert!

Umsetzung im Alltag: Sie gehen spazieren, Ihr Vierbeiner läuft ein Stück voraus. Da kommt beispielsweise jemand mit kleineren Kindern um die Kurve, die Ihr Hund sicher interessant findet. Sie warten nun nicht ab, was er macht, sondern rufen ihn

Übung **3** Weglaufen beschleunigt ihn bei Bedarf.

Übung **4** Spannend: »Hier« mit Gegenverkehr.

sofort, jedoch nicht in »Alarmstimmung«, und bewegen sich gleichzeitig von ihm weg.

Üben mit anderen Hunden: Nun steht das gleichzeitige Rufen zweier Hunde auf dem Programm.

▶ Dazu werden beide Hunde mit etwas Abstand nebeneinandergesetzt.

▶ Beide Zweibeiner entfernen sich nun einige Meter und v-förmig auseinander von den Hunden.

▶ Nach einigen Momenten werden beide Hunde gleichzeitig und engagiert gerufen.

Das ist die einfachere Variante, denn der Abstand zwischen den Vierbeinern wird unterwegs größer.

▶ Steigern Sie die Distanz Mensch-Hund allmählich.

Hinweis: Wird auch noch der Abstand zwischen den Zweibeinern geringer, laufen die Vierbeiner immer mehr fast schon nebeneinander, was dann leicht zum gemeinsamen Spielen verführen kann. Das soll natürlich nicht passieren.

Nun rufen Sie die Hunde mit Gegenverkehr.

▶ Beide Teams stellen sich mit einigen Metern Abstand gegenüber auf.

▶ Jetzt geht jeder Zweibeiner allein auf die andere Seite neben den anderen Hund.

▶ Nach einer kleinen Wartezeit werden beide Vierbeiner gleichzeitig gerufen.

▶ Je näher die Hunde aneinander vorbeilaufen, umso schwieriger ist die Übung.

Wenn es nicht klappt: Meist ist dann die Entfernung zur Ablenkung zu gering. Rufen Sie zu wenig überzeugend? Ist Ihre Körpersprache eher passiv? Sie konkurrieren mit einem verlockenden Reiz, werden Sie also aktiver. Ist die Belohnung für Ihren Vierbeiner zu unattraktiv? Klappt das Kommen der Stufe 1 noch nicht wirklich gut (→ Seite 30)?

Übung **1** Konzentration: »Fuß« über Hindernis.

Übung **2** Ein Leckerchen für genaues Stoppen.

Die Übung »Bei Fuß«

Im Alltag ist es sehr hilfreich, wenn der Hund auch bei Hindernissen wie etwa Treppen bei Fuß bleibt.

Gezielt üben: Üben Sie zuerst in einer konstruierten Situation. Das bringt Abwechslung ins Training. Sehr gut geeignet ist ein nicht zu schmales Brett, welches Sie zum Beispiel auf zwei alte Autoreifen oder Holzklötze legen.

► Gehen Sie mit dem Hund bei Fuß (angenommen links) in normalem Tempo so los, dass Sie in gerader Linie und aus einigen Metern Entfernung auf das Brett zugehen. Auf diese Weise ist der Vierbeiner auf das Fuß-Gehen konzentriert.

► Sagen Sie kurz vor dem Brett noch einmal »Fuß«, um Ihren Hund zu erinnern. Denn so mancher Temperamentsbolzen macht einfach einen übermütigen Satz über das Brett.

► Gehen Sie ohne auf dem Brett anzuhalten ein Stück weiter geradeaus. Klappt das, machen Sie dasselbe in ganz langsa-mem Tempo und auch mal im Laufschritt. Klappt auch das problemlos, üben Sie folgende Variante:

► Gehen Sie in normalem Tempo auf das Hindernis zu. Zwei, drei Schritte davor werden Sie langsamer, sagen lang gedehnt »Fuuuß« und bleiben auf dem Brett stehen.

► Ist Ihr Hund bei Fuß, steht er jetzt mit beiden Vorderbeinen auf dem Brett, die Hinterbeine sind auf dem Boden. Sehr gut! Dafür bekommt er einen Happen. Dann gehen Sie weiter.

Umsetzung im Alltag: Wenn unterwegs ein paar Baumstämme am Boden liegen, dann nutzen Sie diese für das Gehen über Hindernisse. Hier können Sie die gleichen Varianten üben wie mit dem Brett. Auch mit Stufen können Sie schon trainieren. Suchen Sie sich zunächst aber nur kleine Treppen mit zwei, drei Stufen zum Üben aus, besonders wenn Sie einen etwas temperamentvolleren Hund haben. Steile Böschungen und anderes unwegsames Gelände eignen sich ebenfalls für das Training mit Ihrem Vierbeiner.

Übung **4** Aufmerksam geht es aneinander vorbei.

Üben mit anderen Hunden: Hat jeder seinen Hund auf das Fuß-Gehen (hier links) eingestimmt, gehen Sie so aneinander vorbei, dass die Hunde außen laufen. Schaut Ihr Hund zum anderen? Dann drängen Sie ihn sofort mit dem linken Bein im Schulterbereich deutlich nach außen. Zerrt Ihr Hund schon vor Ihnen zur rechten Seite, ist es zu spät. Je langsamer und dichter Sie aneinander vorbeigehen, umso schwieriger. Funktioniert das ohne Korrektur, gehen Sie so aneinander vorbei, dass die Hunde innen laufen. Anfangs mit genügend Abstand.

Wenn es nicht klappt: Ihr Hund springt voraus über das Hindernis? Führen Sie ihn zunächst mit Leckerchen darüber. Halten Sie es auf Höhe Ihres Beins. Sind Sie zu schnell unterwegs? Ist Ihr »Fuß« vor dem Hindernis nicht ruhig genug? Ihr Hund schafft es, zum Artgenossen zu zerren? Ist der Abstand zu gering? Drängen Sie ihn zu spät ab? Dann versuchen Sie es mit einer 90-Grad-Wende nach außen, aber früh genug. Notfalls führen Sie ihn anfangs mit Häppchen am zweiten Team vorbei.

Übung **5** Anspruchsvoll: Die Hunde gehen innen.

Die Übung »Bleiben im Platz«

Dass man den Hund auch einmal allein ablegen kann, hilft im Zusammenleben häufig. Fernziel dieser Übung: Der Hund bleibt auch dann zuverlässig an der ihm zugewiesenen Stelle liegen, wenn sein Mensch außer Sichtweite ist und um ihn herum einiges los ist. Deshalb ist es wichtig, dass der Vierbeiner von Anfang an – auch bei Ablenkung – stets entspannt im Platz liegt und nicht angespannt darauf wartet aufzustehen. Daher wird der Hund immer aus dem Bleiben im Platz abgeholt und nicht gerufen.

Gezielt üben: Hat Ihr Hund ein Lieblingsspielzeug oder einen Gegenstand, den er unbedingt haben möchte? Falls nicht, können Sie Ihren Vierbeiner auch mit einem größeren Stück Fressbarem, zum Beispiel einem Kauknochen, animieren.

► Legen Sie den Hund ins Platz und entfernen Sie sich mit seinem Lieblingsball (oder einer entsprechenden Alternative) ein Stück von ihm.

► Bleiben Sie jetzt vor ihm stehen. Werfen Sie den Ball mehrmals hoch und fangen Sie ihn wieder – zuerst in größeren Abständen und nur ein kleines Stück in die Höhe, dann schneller und höher.

► Zwischendurch machen Sie eine Werf-Pause und bewegen sich hin und her. Den Ball hochwerfen und herumgehen wäre noch eine Übungsstufe höher. Richten Sie die Dauer der Übung danach, wie entspannt Ihr Hund ist. Üben Sie anfangs jedoch nicht zu lange.

► Am Ende packen Sie den Ball weg und gehen zu Ihrem Hund zurück. Stellen Sie sich so neben ihn, dass er an Ihrer Bei-Fuß-Seite liegt.

► Warten Sie nun einen Moment, bis Sie ihn sitzen lassen. Je erwartungsvoller er ist, umso länger lassen Sie ihn im Platz liegen. Erst wenn er es nicht mehr erwartet, sagen Sie »Sitz«.

Umsetzung im Alltag und beim Spaziergang: Oft ist es praktisch, wenn einem der Vierbeiner nicht zwischen den Beinen herumwuselt, etwa beim Wischen des Fußbodens in der Wohnung oder wenn Besuch da ist, der Angst vor Hunden hat. Viele Hunde »helfen« auch gern im Garten, zum Beispiel beim Bepflanzen eines Beets. Kann man dann seinen Vierbeiner in der Nähe ablegen, erspart ihm dies das Wegsperren, und er muss auch nicht in die Hunde-Box (obwohl diese nichts Negatives sein soll), die vielleicht in einem anderen Zimmer, aber sicher nicht im Garten steht.

► Wenn Sie also beispielsweise den Fußboden wischen möchten, richten Sie sich zunächst alles her, was Sie dazu brauchen.

► Erst dann legen Sie den Vierbeiner auf seinem Hundebett oder auch woanders ab.

► Nun beginnen Sie mit dem Wischen. Bewegen Sie sich anfangs parallel zum Hund.

► Bleibt er entspannt, wischen Sie mehr in seine Richtung –

Auch im Alltag eine nützliche Übung.

Liegenbleiben trotz spielender Artgenossen.

mal weiter weg von ihm, mal näher ran. Behalten Sie ihn unauffällig im Auge und entschärfen Sie Richtung oder Abstand bei ersten Unruheanzeichen.

Analog funktioniert es auch mit dem Staubsaugen. Allerdings sollten Sie das nur üben, wenn das Gerät Ihrem Hund nicht unheimlich ist. Dann nämlich fühlt er sich in seiner Box wohler.

Üben mit anderen Hunden: Auch hier gibt es nun ordentlich Ablenkung. Legen Sie Ihren Hund ab und entfernen Sie sich einige Meter. Der zweite Hundehalter steht ebenfalls etliche Meter entfernt und beginnt nun mit seinem Vierbeiner ein Zerrspiel. Aber nichts werfen! Das kann noch zu viel Ablenkung für Ihren Vierbeiner sein. Ein dritter Hundehalter geht bei Fuß umher. Je näher Mensch und Hund an Ihrem Vierbeiner spielen und je weiter Sie sich von Ihrem entfernen, umso schwieriger wird die Übung.

Wenn es nicht klappt: Klingen Ihr »Platz« und Ihr »Bleib« auch wirklich ruhig oder eher angespannt? Sind Sie innerlich ruhig oder doch vielleicht nervös? Bewegen Sie sich hektisch? Versuchen Sie, relaxed zu bleiben, denn Unruhe überträgt sich sehr leicht auf den Vierbeiner.

Kehren Sie rechtzeitig zum Hund zurück oder reduzieren Sie Ihre Aktivität, sobald er Anzeichen von Stress zeigt, also zum Beispiel gähnt, stark hechelt, sich die Schnauze leckt oder sein Körper sich anspannt. Steht Ihr Schüler doch in Ihre Richtung auf, wenn Sie vor ihm stehen, dann nehmen Sie den Ball hinter sich und gehen mit einem verbindlichen »Platz« in festen Schritten auf den Hund zu. Stoppen Sie, sobald er sich wieder hinlegt. Zeigt der Vierbeiner Stressanzeichen beim Üben mit einem anderen Team, sollte sich dieses wieder weiter von Ihrem Vierbeiner entfernen und ruhiger spielen.

Falls Sie Ihren Hund nicht bei den ersten Anzeichen vom Aufstehen abhalten können, bringen Sie ihn möglichst rasch wieder an die ursprüngliche Stelle zurück. Wiederholen Sie die Übung anschließend auf einfacherem Niveau.

Übung **1** Der Hund möchte sich vorbeidrängeln.

Übung **2** Er wird mit dem Bein zurückgedrängt.

Die Übung »Hinten bleiben«

Um dem Vierbeiner beizubringen, hinter seinem Menschen zu bleiben, gibt es zwei Möglichkeiten. Zum einen durch die eigene Körpersprache plus Belohnung. Zum anderen durch ein Leckerchen, das den Hund in die entsprechende Position lockt, wenn man es hinter dem Rücken hält.

Für die Kommunikation zwischen Ihnen und dem Vierbeiner bringt es mehr, mit der Körpersprache zu arbeiten, weil Sie dadurch Ihre Persönlichkeit viel mehr einbringen. Deshalb erkläre ich Ihnen hier diese Übungsvariante. Ähnlich wie beim Warten im Auto zeigen Sie dem Hund auch hier, dass er in einem bestimmten Bereich, nämlich hinter Ihnen, bleiben soll. Damit Sie ihn später bei Bedarf aus einer anderen Position, also wenn er etwa voraus- oder neben Ihnen läuft, nach hinten schicken können, kommen hier ein Hör- und auch ein Sichtzeichen dazu.

Gezielt üben: Suchen Sie sich einen sehr schmalen Weg oder Gang, der auf beiden Seiten durch einen Zaun, eine Hecke oder eine Mauer begrenzt wird.

▶ Stellen Sie sich vor den Hund. Was macht er? Bleibt er hinter Ihnen stehen? Warten Sie nun einen Moment, sodass der Hund eine kurze Zeit in dieser Position bleiben kann. Dann drehen Sie sich ganz, also um 180 Grad zu ihm um, und belohnen ihn mit einem Happen. Achtung – auch mit der Stimme jetzt erst loben, nicht schon während Sie sich umdrehen.

▶ Will der Vierbeiner sich an Ihnen vorbeiquetschen, versperren Sie ihm mit Ihrem Körper den Weg, indem Sie sich ganz nah an den Zaun stellen und den Hund dadurch wieder zurückdrängen. Das wiederholen Sie so oft, bis er hinter Ihnen stehen bleibt. Wie oben beschrieben, warten Sie nun einen Moment und belohnen den Hund dann. Wenn Sie bemerken, dass ihm dämmert, was Sie von ihm wollen, geben Sie ein Hörzeichen, beispielsweise »Zurück« oder »Hinten«, wenn er hinter Ihnen steht. Sprechen Sie in einem ruhigen, bestimmten Tonfall, denn nur ein unaufgeregter Vierbeiner wird gelassen hinter Ihnen bleiben. Als Handzeichen können Sie gleichzeitig einen oder beide Arme etwas nach hinten unten strecken. Die Handfläche zeigt dabei wie ein Stoppschild ebenfalls nach hinten.

► Bleibt der Vierbeiner wiederholt – und ohne Probleme – hinter Ihnen stehen, führen Sie ihn jetzt einmal in Versuchung. Sie legen ein Spielzeug oder stellen einen Napf mit einigen Happen ein Stück vor sich auf den Boden. Machen Sie es sich und dem Hund nicht zu schwer und lassen Sie den Abstand zunächst größer. Je dichter die »Verführung« sich vor Ihnen befindet, umso schneller müssen Sie reagieren.

► Bleibt der Hund eine Zeit lang brav hinter Ihnen, drehen Sie sich zum Belohnen zu ihm. Weil das eine besondere Leistung war, hat Ihr Vierbeiner sich jetzt eine größere Portion leckerer Happen verdient! Heben Sie Spielzeug oder Napf anschließend vom Boden auf.

► Macht Ihr Hund Anstalten, sich vorbeizudrängeln, drängen Sie ihn, wie beschrieben, wieder zurück. Nennen Sie dabei Ihr Hörzeichen und zeigen Sie Ihr »Stoppschild«.

Wenn es nicht klappt: Ist der Weg nicht schmal genug? Dann engagieren Sie sich einen Helfer, der sich auf der offenen Seite als Begrenzung postiert. Er sollte aber während des Übens nichts zum Hund sagen oder ihn zurückdrängen, sondern nur den Weg an Ihnen vorbei blockieren.

Sind Sie innerlich zu angespannt? Drückt auch Ihr Tonfall das aus? Beides überträgt sich auf den Hund. Blockieren Sie seinen Weg nach vorn zu spät? Ist er nämlich schon mit der Schulter auf Ihrer Höhe, klappt die Übung nicht mehr.

Übung **3** Er bleibt hinter dem Menschen stehen.

Übung **4** Frauchen dreht sich um und belohnt.

Was tun, wenn es Probleme gibt?

In der Hundeerziehung macht es häufig Sinn, strategisch vorzugehen, um das eigene »Gesicht zu wahren« oder durch knifflige Situationen zu kommen.

Bello sitzt am längeren Hebel

Kennen Sie vielleicht folgende Situation? Sie sind in Eile und wollten den Hund noch schnell zum Pieseln in den Garten lassen. Und nun kommt er wieder einmal nicht ins Haus zurück. Sie rufen und machen sich »zum Affen«, aber er findet den Garten viel interessanter. Jetzt sitzt er am längeren Hebel. Doch das lässt sich ändern ...

Keine zweite Chance: Geben Sie Ihrem Vierbeiner nur einmal die Chance, auf Ihren Ruf zu kommen.

▶ Nutzt er sie nicht, ist die Tür zu. Er darf Sie nicht durch die Tür sehen können. Damit hat er nicht gerechnet.

▶ Steht Ihr »Schwerhöriger« dann verblüfft vor der geschlossenen Tür, lassen Sie ihn noch eine Zeit lang schmoren. Erst dann gewähren Sie ihm schließlich kommentarlos Einlass.

▶ Bellt oder kratzt er an der Tür, warten Sie mit dem Öffnen der Tür jedoch, bis er einige Momente ruhig war.

Bestimmen Sie die »Gartenzeit«: Wenn Sie festlegen, wann der Hund hinausdarf oder gar -muss, bekommt das Thema Garten eine ganz andere Bedeutung für ihn.

▶ Naht die Fütterungszeit und beobachtet Ihr Vierbeiner schon erwartungsvoll, ob Sie in die Küche gehen? Dann befördern Sie ihn doch jetzt einmal in den Garten. Was denken Sie, wie froh der ist, wenn Sie ihn rufen.

▶ Alternativ beschäftigen Sie sich mit seinem Lieblingsspielzeug. Auf jeden Fall muss im Haus etwas für ihn sehr Interessantes sein, wenn Sie ihn zwangsweise hinauskomplimentieren. Machen Sie das eine ganze Weile so.

▶ Erst wenn der Vierbeiner wirklich immer kommt, wenn Sie ihn rufen, gestatten Sie ihm hin und wieder freien Ausflug in den Garten.

Ablenkungsmanöver: Ähnlich ist die Situation, wenn der Vierbeiner Ihr Smartphone (oder etwas ähnlich »Unpassendes«) im Maul hat. Je mehr Sie sich abmühen, ihm dieses abzunehmen, umso interessanter wird das Teil und vor allem das Spiel »Sich-nicht-erwischen-Lassen«.

▶ Lassen Sie sich Ihre Alarmstimmung jetzt nicht anmerken, sondern bleiben Sie cool und desinteressiert.

▶ Ganz plötzlich und ohne den Hund vorher anzuschauen, stürzen (nicht nur gehen!) Sie sich jetzt mit vollkommen überraschter, spannender Stimme auf eine Stelle am Boden oder in eine Zimmerecke – zwei, drei Meter vom Hund entfernt und in entgegengesetzter Richtung von ihm. Tun Sie dies voller Elan! Die Chancen stehen günstig, dass dem Vierbeiner das Smartphone aus dem Maul fällt und er gleich zu Ihnen kommt, damit ihm ja nicht entgeht, was Sie dort entdeckt haben. Aber womöglich bringt er es auch mit.

▶ Auf jeden Fall müssen Sie etwas Tolles oder Leckeres für den Hund in der Hand oder am Boden liegen haben, das er jetzt als Belohnung bekommt.

Das sind nur zwei Beispiele dafür, wie man dem Vierbeiner »ausgeliefert« sein und ihn dennoch mit Taktik und Strategie letztlich »überlisten« kann. Überlegen Sie auch in ähnlichen Situationen, wie Sie ihm den Wind aus den Segeln nehmen können.

Situationen richtig managen

Möchte man ein Problem trainingsmäßig in Angriff nehmen, dauert es seine Zeit, bis das Ziel erreicht ist. Deshalb kann es zwischendurch zu Situationen kommen, die man hinter sich bringen muss, ohne dabei am Problem arbeiten zu können. Dann braucht es Wege, sie gut zu meistern, ohne dass der Vierbeiner unerwünschte Erfolgserlebnisse hat.

Anleinen angesagt: Die Leine ist in vielen Situationen hilfreich, um zu verhindern, dass der noch nicht so zuverlässig ausgebildete Hund Ihre Anweisungen erfolgreich überhören kann.

▶ Für das auf Seite 60 beschriebene Gartenbeispiel hieße das: Haben Sie keine Zeit, ins Haus zu gehen und den Vierbeiner dann vor der Tür schmoren zu lassen, gehen Sie nur angeleint mit ihm zum Lösen in den Garten.

▶ Sie trainieren zurzeit, dass Ihr Vierbeiner auch dann gehorcht, wenn für ihn interessante Tiere wie Gänse, Schafe oder Ähnliches in der Nähe sind? Dann kann es sein, dass Sie auch an Stellen vorbeikommen, wo zum Beispiel Enten am Ufer sind, Sie dort aber aus irgendwelchen Gründen nicht üben können. Nehmen Sie den Vierbeiner dann unbedingt rechtzeitig an die Leine. Ihren Hund anleinen sollten Sie auch dann, wenn Sie in wildverdächtigem Gebiet unterwegs sind und wissen, dass der Gehorsam Ihres Vierbeiners zurzeit noch zu wünschen übrig lässt.

▶ Ihr zu begrüßungsfreudiger Hund soll lernen, dass er in der Diele liegen bleibt, wenn Besuch hereinkommt? Dann kann es durchaus sein, dass auch mal Besuch vorbeischaut, der sich nicht für das Training eignet, zum Beispiel weil es mehrere noch zu »lebhafte« Personen sind und das für den Vierbeiner eine zu starke Ablenkung wäre. In diesem Fall könnte jemand aus der Familie den Hund ruhig und ein Stück vom Eingang entfernt am Halsband oder mit Leine festhalten, bis der Besuch eingetreten ist. Alternativ machen Sie Ihren Vierbeiner mit der Leine ein Stück vom Eingang, etwa am Tisch, fest. Dass die Besucher den Hund nicht beachten, ist in dieser Situation besonders wichtig.

▶ Sie haben erst mit dem Training für ordentliches Aussteigen aus dem Auto begonnen? Auch dann kann es sein, dass Sie den Hund dabeihaben, aber nicht minutenlang warten können, bis er entspannt im Auto auf Ihre Erlaubnis zum Aussteigen wartet. Wenn möglich, legen Sie ihm direkt vor dem Öffnen der Heckklappe vom Rücksitz aus die Leine an und binden ihn fest. Oder es hält ihn eine zweite Person dann an der Leine fest, während Sie die Heckklappe öffnen. So kann der Vierbeiner nicht unkontrolliert herausspringen.

Den Hund vor sich selbst schützen: Manchmal gibt es Dinge, die nicht so einfach zu korrigieren sind. Etwa das Aufnehmen gefährlicher Dinge. Nicht immer reicht eine verbale oder körpersprachliche Korrektur. Angenommen, der Vierbeiner frisst notorisch Steine. Gewöhnen Sie ihn an einen Maulkorb. Legen Sie ihm den Maulkorb stets und lange genug an (bis ihn Steine längere Zeit nicht mehr interessieren), sobald er sich in einer »steinreichen« Umgebung aufhält. So erlebt er, dass Steine da sind, er sie aber nicht aufnehmen kann. Er gewöhnt sich daran und lässt sie im Idealfall später auch ohne Maulkorb liegen.

Trainings- programm für Stufe 3

Ihr Vierbeiner und Sie haben nun schon einiges an Training gemeistert und hoffentlich auch reichlich Erfolge verbucht. Merken Sie, dass Sie beim Üben mit dem Hund auch sich selbst im Auge behalten müssen, damit sich keine Nachlässigkeiten einschleichen? Und auch, dass das Timing stimmt und Sie genau arbeiten? Das ist gut, denn wem Fehlerquellen bewusst sind, der kann sie auch vermeiden. Gleichzeitig tun Sie auch Ihrem Hund damit einen Gefallen, weil er so immer genau weiß, was Sie erwarten. Das gibt ihm Sicherheit und motiviert ihn zum Mitmachen.

Neue Übungen

In diesem Kapitel kommen zwei neue Übungen dazu: das »Ablegen außer Sicht« und das »Stoppen auf Entfernung«.

Das »Ablegen außer Sicht«

Mit dieser Übung beginnen Sie erst, wenn der Hund auch unter Ablenkung völlig entspannt im Platz liegen bleibt, also wenn Sie sich längere Zeit und weiter von ihm entfernen können, er Sie dabei aber noch sieht. Nur dann wird er auch gelassen und zuverlässig liegen bleiben, wenn er Sie nicht mehr sehen kann.

Sie möchten Ihren Hund nicht allein liegen lassen? Das ist natürlich Ihre Sache, aber trainieren Sie es trotzdem. Denn dann sind Sie und der Hund für den Fall gewappnet, dass es doch mal nötig sein sollte, zum Beispiel, wenn Sie allein mit dem Hund unterwegs sind. Allerdings ist eine wichtige Voraussetzung dafür, dass Ihr Vierbeiner seiner Umwelt sicher und offen begegnet.

Im Alltag wird man den Hund nicht längere Zeit in einem offen zugänglichen Bereich allein ablegen. Im Training dagegen können Sie die Zeit aber durchaus auf eine Viertelstunde oder auch länger ausdehnen. Dann funktioniert die im »realen« Leben kürzere Wartezeit sicher.

Wann nun könnte man das Ablegen brauchen? Sie sind zum Beispiel in der Fußgängerzone unterwegs und sehen in einem kleinen Feinkostgeschäft schönes Obst oder in einem Dekoladen interessante Vasen. Jetzt können Sie den Vierbeiner einige Minuten vor dem Laden ablegen und in Ruhe einkaufen. Selbstverständlich legt man den Hund nicht vor dem Supermarkt ab, um den Wocheneinkauf zu erledigen. Doch wenn Ihr Vierbeiner die Übung beherrscht, werden Sie sicher bei der einen oder anderen Gelegenheit froh darüber sein.

Das »Stoppen auf Entfernung«

Oft ist es sinnvoller, den Hund an Ort und Stelle »festzusetzen«, statt ihn zu sich zu rufen. Zum Beispiel dann, wenn ein Radfahrer oder Skater schon so nahe ist, dass der Hund ihm auf dem Rückweg zu Ihnen in die Quere kommen könnte. Hat der Vierbeiner etwas Interessantes gesehen, dem er gern hinterherrennen möchte, ist es nicht selten aussichtsreicher, ihn zu stoppen, als ihn zurückzurufen.

Weil der Vierbeiner beim Stoppen von Ihnen belohnt wird, lernt er gleichzeitig, sich nicht nur zu setzen, sondern sich vorher zu Ihnen umzudrehen. So orientiert er sich komplett von der Ablenkung weg. Wenn Ihr Vierbeiner nicht auf Happen steht, werfen Sie ihm seinen Lieblingsball zur Belohnung beziehungsweise bringen Sie ihn zu Ihrem Hund.

Beherrscht der Hund die Übung, setzen Sie die Belohnung der Situation entsprechend ein. Hat der Hund gestoppt, weil Sie eine Kollision vermeiden wollten, bringen Sie ihm die Belohnung. Konnten Sie ihn durch das Stoppen vom Verfolgen etwa eines Tieres abhalten, kann die Belohnung, besonders ein Ball, fliegen. Dann aber keinesfalls hinter den Hund und damit in Richtung des anderen Tieres werfen, sondern seitlich vom Vierbeiner oder vor ihn. Eine fliegende Belohnung ist in diesem Fall für den Hund eine reizvollere Alternative zum Jagen als ein gebrachter Happen.

Noch ein Tipp: Stoppen Sie den Hund auf weitere Entfernungen mit einer Hundepfeife. Ein Pfiff wirkt durchschlagender, weil er lauter ist und exklusiv klingt im Vergleich zu dem, was wir sonst alles mit dem Hund reden. Beispiel: Bevor Sie in der auf Seite 84/85 beschriebenen Übung »Sitz« sagen, pfeifen Sie einmal länger anhaltend mit der Pfeife. Nach einigen Trainingseinheiten lassen Sie das »Sitz« weg.

Wichtig: Pfeife stets wegräumen, damit Ihre Kinder nicht damit pfeifen! Das wäre für den Lernerfolg kontraproduktiv.

Nur wenn der Vierbeiner gelernt hat, entspannt auf seinem Platz liegen zu bleiben, macht es Sinn, ihn dort längere Zeit abzulegen.

Ungeduldig möchte der Hund sich zur Tür hinausquetschen. Dann geht sie eben wieder zu. Nur wenn er entspannt ist, öffnet sie sich.

Entspannung versus Kommando

So mancher Vierbeiner ist oftmals ungeduldig. Er kann es nicht erwarten, zur Tür hinauszukommen oder an seinen Napf zu gelangen. Manchmal nervt er auch, wenn man in Ruhe essen will oder ein wichtiges Telefonat führen muss. Hilft nun ein Kommando, oder soll der Hund besser lernen, sich selbst zurückzunehmen? Das hängt vom Typ Hund, seinem Ausbildungsstand, der Situation und auch davon ab, was Sie am besten umsetzen können. Damit Ihr Vierbeiner sich »herunterfährt«, also gelassen bleibt, ist es auf jeden Fall wichtig, dass auch Sie Ruhe ausstrahlen.

Entspannen mangels Alternativen: Angenommen, der Hund nervt beim Essen und bringt dauernd Spielzeug herbei. Abgesehen davon, dass Sie das Spielzeug wegräumen, könnten Sie ihn auf seinem Platz im selben Raum ablegen. Doch das hat nur Sinn, wenn der Hund schon ein längeres, entspanntes »Bleib im Platz« unter Ablenkung beherrscht. Es nützt nichts, wenn er zwar liegen bleibt, aber immer auf dem Sprung ist. Oder gar aufsteht und Sie ihn wiederholt korrigieren müssen. Dadurch kommt keine Ruhe in die Situation. Zudem ist man selbst auch schnell genervt, weil man nicht in Ruhe essen kann. Man könnte den Vierbeiner auch bei sich am Tisch ins Platz legen. Auch dann müssten Sie darauf achten, dass er genau dort bleibt. Das kann also ebenfalls eine unruhige Sache werden. Nicht zu vergessen – wenn Sie mit einem verbindlichen Hörzeichen arbeiten, müssen Sie die Übung auch wieder mit einem Hörzeichen beenden.

Den Hund in den Flur oder in ein anderes Zimmer auszusperren, ist keine Lösung, sondern lediglich eine Vermeidung der Problematik. Der Hund ist dann nicht mehr in der Situation, die eigentlich »therapiert« werden müsste. Somit kann er auch nicht lernen, sich anzupassen, wenn trotz Anwesenheit seiner Menschen einfach mal nichts los ist.

Das Problem holt Sie ebenfalls ganz schnell wieder ein, wenn Sie zum Beispiel den Hund im Restaurant dabeihaben. Was er zu Hause nicht lernt, kann unterwegs nicht funktionieren. Aussperren kann aber eine Option sein, um kurzfristig eine Situation zu managen, etwa falls der Vierbeiner dauernd kläfft, wenn Sie ein wichtiges Telefonat führen. Diese Problemlösung müssten Sie separat angehen.

Am stressfreisten ist es in vielen Situationen, den Hund ohne Kommando bei sich oder an seinem Platz an der relativ kurzen Leine festzumachen oder sich auf die Leine zu stellen und den Hund nicht mehr zu beachten. Der begrenzte Radius und die fehlende Aufmerksamkeit des Menschen (auch eine Korrektur ist Aufmerksamkeit) lassen dem Hund letztlich keine Alternative. Das tut ihm gut und ermöglicht ihm, sich der Situation entspannt anzupassen.

Sich selbst zurücknehmen: Wenn der Hund sich zur Tür hinausquetschen möchte oder nach seinem gefüllten Napf giert, kann man ihn zum Beispiel durch ein »Sitz« beeinflussen. Das heißt aber nicht, dass er entspannt ist. Ein sehr ungeduldiger Hund kann auch im Sitzen kurz vorm »Platzen« sein. Besser ist es in solchen Fällen, wenn er selbst herausfindet, dass nicht Ungeduld zum Erfolg führt, sondern ruhiges Verhalten. Übungen dazu finden Sie auf den Seiten 78/79.

Wann ist ein Kommando nicht sinnvoll, wann schon? Neben der bereits angesprochenen Unruhe, die ein Kommando zur Folge haben kann, ist ein verbindliches Hörzeichen dann nicht sinnvoll, wenn Sie leicht vergessen, eine Übung zu beenden. Auch wenn Sie nicht darauf achten können, dass der Hund das Kommando wirklich so lange befolgt, bis Sie es beenden, sollten Sie es sich sparen. Beherrscht der Vierbeiner eine Übung noch nicht sicher, ist es ebenfalls sinnlos, sie gerade dann zu verlangen, wenn er besonders aufgedreht ist. Sinnvoll kann ein Kommando aber sein, wenn Sie in Eile sind

Trainingsplan Stufe 3

Die Übungen werden nun anspruchsvoller. Erst wenn der Punkt »Gezielt üben« sitzt, trainieren Sie in Alltagssituationen und mit anderen Hunden. Planen Sie so, dass Sie nicht mehr als zwei neuere Übungen in einen Tag packen.

Übungen	Wie oft?
Entspannen	mehrmals wöchentlich; bei Bedarf
Schau	mehrmals wöchentlich
Warten im Auto	am besten 1-mal täglich
Sitz	1-mal täglich
Bei Fuß	mehrmals wöchentlich
Bleiben im Sitzen	mehrmals wöchentlich
Bleiben außer Sicht	zuerst täglich, dann mehrmals wöchentlich
Stopp	1-mal täglich

und samt ungeduldigem Hund aus dem Haus müssen. Dann ist ein »Sitz« an der offenen Haustür immer noch besser, als sich an der straffen Leine aus dem Haus reißen zu lassen. Auch wenn Sie nicht die nötige Geduld für Übungen aufbringen, die dem Hund zeigen, dass er nur ruhig zum Erfolg kommt, ist eine klare Anweisung die Alternative. Bei einem entspannten Hund, der seine Übungen routiniert beherrscht, und einem Zweibeiner, der auch die Feinheiten nicht vergisst, spricht nichts gegen konkrete Anweisungen.

Übung 1 Auf das Hörzeichen für die Box ...

Übung 2 ... geht er hinein. Die Tür bleibt auf.

Die Übung »Entspannen«

Ihr Vierbeiner ist es nun schon gewohnt, sich zu Hause zu entspannen, auch wenn mehrere Personen da sind. Zum einen ist das Festmachen mit der Leine ein Signal zum »Chillen«, zum anderen seine Decke oder die Box. Er befindet sich dabei in Ihrer Nähe bzw. im selben Raum. Bei allen drei Varianten kann er innerhalb des jeweiligen Bereichs (Leinenradius, Decke oder Box) seine Position ändern, sich also einmal hierhin und einmal dorthin legen. Das ist der Unterschied zu Bleib-Übungen, bei denen er exakt an der ihm zugewiesenen Stelle bleiben muss. Die Decke können Sie übrigens auch gut mitnehmen und so auch unterwegs einsetzen.

Gezielt üben: Ihr Hund befindet sich in der Nähe seiner Decke oder der Hunde-Box.

▶ Schicken Sie ihn nun mit Ihrem Hörzeichen dorthin. Unterstützend deuten Sie in Richtung Decke/Box. Wenn nötig, gehen Sie zusätzlich so auf ihn zu, dass er auf diese Weise in Richtung Decke/Box gedrängt wird.

▶ Ist er dort, bewegen Sie sich im Zimmer umher, räumen beispielsweise etwas weg. Die Boxentür kann offen bleiben. Im »realen« Alltag schließen Sie die Box aber, wenn der Hund nicht raus und niemand (Kinder!) zu ihm in die Box soll.

Umsetzung im Alltag: Sie sind zu Besuch und sitzen auf der Terrasse. Sie möchten den Hund jedoch nicht oder nicht ständig unkontrolliert herumlaufen lassen. Vielleicht, weil fremde kleine Kinder im Garten spielen und Sie nicht dauernd aufpassen möchten. Um den Hund in den »Chillmodus« zu versetzen, machen Sie ihn mit der Leine am Tisch- oder Stuhlbein nahe bei Ihnen fest. Seine Decke von zu Hause könnte ihn zusätzlich auf Ruhe umschalten lassen. Auch wenn rundherum etwas los ist, sollte der Hund gleich oder nach kurzer Zeit zur Ruhe kommen. Das kann er natürlich nur, wenn sich niemand direkt mit ihm beschäftigt.

Übung **3** Der Hund entspannt auch als Gast.

Übung **4** Selbst der Artgenosse lenkt nicht ab.

Üben mit anderen Hunden: Sich in der Nähe von Artgenossen zu entspannen, ist für so manchen Vierbeiner eine echte Herausforderung, sofern das nicht von klein auf oder durchgehend konsequent geübt wurde. Einen gehörigen Anteil am Erfolg hat – wie so oft – in der Hundeerziehung und -ausbildung auch hier der Zweibeiner mit seinem Verhalten. Denn nur, wenn Ihr Vierbeiner es gewohnt ist, dass es grundsätzlich an der Leine keinen Kontakt gibt, lassen ihn andere angeleinte Artgenossen letztlich kalt.

► Powern Sie zunächst die vierbeinigen Trainingspartner aus.

► Dann stellen Sie und das andere Team sich nebeneinander. Den Abstand wählen Sie zunächst so groß, dass weder Ihr Hund noch der andere Vierbeiner völlig ausflippt. Die Leine bleibt halblang.

► Warten Sie nun stumm und regungslos. Irgendwann wird Ihr Vierbeiner sich beruhigen. Vielleicht setzt oder legt er sich gleich hin. Oder er findet zunächst etwas am Boden interessant. Aber das zeigt, dass er schon nicht mehr auf den Artgenossen fixiert ist. Das Interesse kann zwar zwischendurch wieder aufflammen, letztlich wird der Vierbeiner sich aber der »langweiligen« Situation anpassen. Danach schließen sich Gehorsamsübungen an, oder Sie beenden das Training.

Wenn es nicht klappt: Entfernt sich der Vierbeiner von der Decke oder aus der Box? Tut er das gleich, bleiben Sie noch länger bei der Übungsstufe von Seite 20/21. Ist ihm die Dauer zu lang? Dann beenden Sie die Übung zunächst früher, auf jeden Fall bevor er es tut. Steigern Sie die Dauer langsam und dann zunächst mit weniger Ablenkung, auch wenn ihn bei kürzerem Entspannen mehr Ablenkung nicht stört. Üben Sie dann, wenn er schon müde ist. Beim Training mit Artgenossen vergrößern Sie den Abstand. Sind die Hunde noch zu energiegeladen? Durften sie sich doch schon an der Leine begrüßen? Dürfen sie vor dem Training meist oder immer zusammen toben? Das alles erschwert das Entspannen in dieser Situation.

Übung **1** »Schau« zu Hause trotz Ablenkung.

Übung **2** Rechtzeitig wird der Hund belohnt.

Die Übung »Schau«

Es kann sehr nützlich sein, wenn der Vierbeiner bei hoher Ablenkung seine Aufmerksamkeit auf seinen Menschen richtet. Daher steigern wir nun die Außenreize. Jetzt kann es sein, dass es dem Hund erst schwerfällt, lange Blickkontakt zu Ihnen zu halten. Belohnen Sie ihn deshalb schon vorher und fordern erneut Blickkontakt. Dehnen Sie den Zeitraum langsam aus.

Gezielt üben: Zunächst üben Sie zu Hause. Familienmitglieder bewegen sich flott hin und her und unterhalten sich angeregt. Mittendrin stehen Sie mit dem angeleinten Hund. Wie nahe die Familie an Ihnen und dem Vierbeiner vorbeigeht, entscheiden Sie danach, wie stark er sich ablenken lässt. Happen haben Sie griffbereit in der Tasche, jedoch noch nicht in der Hand.

► Nun sagen Sie »Schau« oder welches Hörzeichen Sie dafür verwenden wollen. Achten Sie darauf, ihn auf jeden Fall zu belohnen, solange er Sie ununterbrochen anschaut!

Umsetzung im Alltag: Konzentriert sich der vierbeinige Schüler in der eben beschriebenen Situation problemlos und nicht nur kurz auf Sie, wird es jetzt spannend.

► Besuch kommt herein, dem einer aus der Familie die Tür geöffnet hat. Sie stehen etwas abseits vom Eingang und konzentrieren den Hund auf sich.

► Ist der Besuch fast vorbei, gibt es den Happen.

Hinweis: Je nach Ausbildungsstand des Vierbeiners gibt es mehrere Optionen: Besuch wird ohne oder mit Klingeln hereingelassen. Besuch verhält sich beim Hereinkommen ruhiger oder aktiver. Letzteres ist jeweils anspruchsvoller.

Beim Spaziergang konzentrieren Sie den Hund zum Beispiel auf sich, wenn er einen Jogger gesehen hat und gern hinterherlaufen würde. Dafür gibt es dann gleich mehrere Happen.

Üben mit anderen Hunden: Der Vierbeiner soll sich auch dann auf Sie konzentrieren, wenn ein Artgenosse samt Mensch auf Sie zugeht.

Übung **3** Personen kommen von draußen herein.

Übung **4** Sind die Besucher fast vorbei, wird belohnt.

▶ Ihr Partnerteam steht in der Nähe, sodass Ihr Vierbeiner es auch sehen kann.

▶ Nun konzentrieren Sie Ihren Vierbeiner auf sich.

▶ Dann geht das andere Team langsam auf Sie und Ihren Hund zu. Aber nur so weit, dass der Blickkontakt Ihres Hundes zu Ihnen bestehen bleibt.

▶ Nun holen Sie den Happen aus der Tasche und belohnen Ihren braven Vierbeiner.

Wichtig: Passen Sie auch hier den Abstand zum Trainingspartner und das Tempo, mit dem das Team auf Sie zukommt, an Ihren Hund an.

Wenn es nicht klappt: Dann ist die Ablenkung zu hoch. Vergrößern Sie den Abstand und/oder reduzieren Sie die »Action«. Denken Sie auch daran, zwar aufmerksam, aber nicht nervös und angespannt zu sein – sowohl was Ihre Stimme wie auch Ihre Körpersprache betrifft. Ein Zuviel an Energie beim Hund ist auch hier ungünstig.

Übung **5** Der vorbeigehende Hund lenkt nicht ab.

Jetzt ist ein zuverlässig gelerntes »Hier« oder »Sitz« notwendig, um den Hund noch rechtzeitig vom Durchstarten abzuhalten.

Zufällig gelernte Hörzeichen

Oft kommentiert man bestimmte Verhaltensweisen des Hundes nebenbei, unbewusst und unregelmäßig mit denselben Worten. Dadurch verknüpft der Hund beides bis zu einem gewissen Grad und lässt sich ebenfalls bis zu einem gewissen Grad beeinflussen.

1 Wie es ihm gefällt

Hier einige Beispiele für zufällig gelernte Hörzeichen:
▶ Wenn der Hund es sich bei seinem Zweibeiner unter dem Tisch oder abends vor dem Sofa gemütlich macht, hört er häufig etwa: »Ja, leg dich hin.« Steht der Vierbeiner also schon etwas müde oder unschlüssig im Wohnzimmer und sein Mensch sagt: »Leg dich hin«, wird der Hund es sich bequem machen. Das kann auch unterwegs funktionieren, etwa nach einer Wanderung in der Berghütte.
▶ Der Hund hat unterwegs einen Tannenzapfen gefunden, der vor der Haustür seinen Reiz verliert. Der Vierbeiner lässt das Mitbringsel von unterwegs deshalb fallen, und der Mensch sagt dann öfters zustimmend: »Den lassen wir da.« So wird der Vierbeiner irgendwann den Tannenzapfen auch fallen lassen, wenn er »Den lassen wir da« hört.

Ein führiger Hund bleibt in einer ungefährlichen Situation auch mit einem nebenbei eingeführten »Dableiben« einigermaßen in der Nähe.

▶ Weil dem vorsichtigen Hund unterwegs öfter etwas suspekt ist, kommt er immer wieder in die unmittelbare Nähe seines Menschen und läuft dort mit. Sein Mensch sagt dann meist: »Bleib schön da.« Wenn in der Wiese etwa eine Schlammpfütze ist, die der Vierbeiner meiden soll, kann das »Bleib schön da« reichen.
▶ Wenn der Vierbeiner vorausläuft, bleibt er immer wieder einmal stehen und schaut sich nach seinem Zweibeiner um. Dieser kommentiert das oft mit einem »Warten«. Der Hund geht von allein weiter, wenn Herrchen oder Frauchen wieder näher gekommen sind.

2 So lebt sich's leichter

Worin liegt nun der Unterschied von zufällig gelernten zu den »normalen« Hörzeichen? Grob gesagt haben die nebenbei verknüpften Wörter einen beiläufigen Charakter. Übungen wie »Hier« oder »Bleib« usw. werden dagegen Schritt für Schritt konditioniert, der Schwierigkeitsgrad erhöht und der Vierbeiner systematisch für die richtige Ausführung belohnt. Sie werden auch beendet und bei Nichtbefolgen eingefordert. Sie sind für den Hund also verbindlich. Die nebenbei entstandenen Verknüpfungen werden nicht mit System mit dem jeweiligen Verhalten verknüpft und weder belohnt noch durchgesetzt. Ob sie »wirken«, hängt von der Stimmung des Hundes ab und davon, wie sensibel und beeinflussbar er ist. Dazu nochmals zu den Beispielen unter Punkt 1:

▶ Bei »Leg dich hin« kann der Hund sich hinlegen, er muss aber nicht. Wenn er sich hinlegt, kann er auch wieder aufstehen und/oder sich woanders hinlegen. Er wird sich nicht hinlegen, wenn er aufgekratzt ist. Möchten Sie, dass er Ruhe gibt oder an einer bestimmten Stelle liegen bleibt, wird er festgebunden oder mit einem »Bleib« abgelegt.

▶ Bei »Den lassen wir da« wäre es folglich auch kein Beinbruch, wenn der Hund den Gegenstand nicht fallen lässt. Tendenziell wird es nicht wirken, wenn der Gegenstand für den Hund einen besonders hohen Wert hat oder er die Beute für sich beansprucht. Möchten Sie, dass der Hund etwas auf jeden Fall abgibt, ist ein systematisch konditioniertes Hörzeichen wie »Aus« oder Ähnliches verbindlich.

▶ »Bleib schön da« kann reichen, wenn der Hund keinen starken Drang hat, zur Schlammpfütze zu laufen, und es im Falle eines Falles egal wäre, wenn er doch ein Bad darin nimmt. Soll er auf keinen Fall dorthin, wird der Vierbeiner angeleint oder bei Fuß genommen. Ein »Hier«, um ihn vorher zu sich zu rufen, ist ebenfalls sehr verbindlich.

▶ »Warten« kann reichen, wenn man etwa lediglich den Abstand zum Hund verringern möchte, es aber auch egal wäre, wenn der Vierbeiner weiterlaufen würde. Tendenziell reicht das nicht, wenn der Hund schon am Durchstarten ist. Zu unsicher wäre es, wenn etwa ein Radfahrer entgegenkommt. Die verbindliche Alternative dazu wären ein »Sitz auf Entfernung« (»Stopp«) oder aber ein »Hier«.

▶ Eine besondere Sache, bei der man allein durch klassische Konditionierung etwas Nützliches erreichen kann, ist das Sich-Lösen. Immer wenn der Welpe sein Geschäft machte, haben Sie beispielsweise »Beeil dich« gesagt. Damit können Sie bei gefüllter Blase oder gefülltem Darm, aber auch nur

dann, die Entleerung in Gang bringen. Eine »verbindliche« Alternative kann es naturgemäß hier nicht geben. Hört der Hund »Beeil dich« überwiegend dann, wenn Blase und Darm leer sind, verliert das Signal nach und nach auch bei gefüllten Verdauungsorganen seine »entleerende« Wirkung.

Ein nebenbei eingeführtes »Leg dich her« animiert einen müden Vierbeiner zusätzlich, sich hinzulegen. Aber er muss es nicht unbedingt tun.

Erwarten Sie also ein promptes und konkretes Verhalten, womöglich auch noch bei reizvoller Ablenkung, machen Sie es sich und Ihrem Vierbeiner einfach und geben Sie ihm eine »echte« Anweisung. Denn würde er eines der beiläufig gelernten Wörter nicht befolgen und korrigiert werden, könnte er das nicht einordnen. Es würde ihn verunsichern. **Vorsicht Falle!** Auch ein ehemals verbindliches Hörzeichen kann in Richtung »unverbindlich« oder gar in die Bedeutungslosigkeit abdriften. Das ist dann der Fall, wenn Sie nicht darauf achten, dass der Hund es jedes Mal ausführt, wenn Sie es nicht auflösen oder wenn Sie es bei Nichtbefolgen stets wiederholen, um letztlich aufzugeben.

Übung **1** Gehen Sie vor dem Auto hin und her.

Übung **2** Wenn Ihre Bewegung den Hund verführt, …

Warten im und am Auto

Der Vierbeiner bleibt inzwischen entspannt im Auto, wenn Sie dort stehen, und neigt nicht mehr zu »Fehlstarts«. Jetzt ist es an der Zeit zu üben, dass der Hund auch dann ruhig im Auto wartet, wenn Sie in seiner Sichtweite hin und her gehen oder sich mit etwas anderem beschäftigen. Behalten Sie ihn dabei unaufgeregt und unauffällig im Auge, damit Sie ihn bei eventuellen Ausstiegsversuchen rechtzeitig bremsen können, bevor er mit einem Sprung draußen ist.

Gezielt üben: Die Heckklappe ist offen, der Vierbeiner wartet entspannt im Auto.

▶ Nun gehen Sie parallel zum Auto hin und her. Beginnen Sie dicht am Fahrzeug und vergrößern Sie nach und nach die Entfernung. Sie können langsamer gehen oder auch schneller, allerdings nicht so schnell, dass es Ihren Hund sozusagen aus dem Auto »reißt«. Steigern Sie die Übung langsam.

▶ Sollte Ihr Hund Anstalten machen, aus dem Auto zu springen, gehen Sie sofort forsch und mit »bremsenden« ausgebreiteten Armen auf ihn zu. Stimmlich unterstreichen Sie das Stoppen mit einem »Gscht« oder einem knurrigen Räuspern samt ernster Mimik.

▶ Sobald der Vierbeiner sich weit genug von der Ladekante nach hinten bewegt hat, gehen Sie entspannt ein paar Schritte rückwärts. Setzen Sie die Übung auf einfacherem Level fort.

Umsetzung im Alltag: Gerade wenn man mit dem Hund auch bei schlechtem Wetter unterwegs ist, hat man Schuhe zum Wechseln im Auto. Die stehen oft im Heck.

▶ Sie steigen auf einem sehr ruhigen Parkplatz aus dem Auto und öffnen die Heckklappe.

▶ Nun legen Sie dem Vierbeiner die Leine an, lassen ihn aber im Fahrzeug.

▶ Als Nächstes holen Sie die Gummi- oder Wanderstiefel aus dem Auto und stellen sie auf den Boden. Sie ziehen die »fei-

Übung **3** ... verhindern Sie rasch das Aussteigen.

Übung **4** Zuerst ziehen Sie Ihre Stiefel an.

nen« Schuhe aus und die Stiefel an. Das nicht benötigte Paar stellen Sie zurück ins Heck. Ist der Vierbeiner immer noch entspannt? Sehr gut!

► Nun nehmen Sie die Leine. Ist der Vierbeiner auf dem Sprung und drängt Richtung »Freiheit«? Dann schieben Sie ihn zurück und warten, bis er nicht mehr aufgeregt ist.

► Jetzt kommt Ihr ruhiges »Hopp«, und der Hund springt heraus. Nicht vergessen: Rechtzeitig »Sitz« sagen! Erst danach lasen Sie ihn frei laufen oder gehen mit ihm an der Leine los.

Wenn es nicht klappt: Bewegen Sie sich am Auto eventuell zu schnell hin und her? Oder gehen Sie zu weit weg? Sind auf dem Parkplatz andere Leute in der Nähe Ihres Wagens unterwegs? Das kann dann für den Vierbeiner noch zu viel Ablenkung sein. Ist Ihr Hund wirklich entspannt, wenn Sie hin und her gehen? Auch wenn der Vierbeiner nur ein wenig aufgeregt ist, kann dies ausreichen, dass er zu ungeduldig wird, wenn Sie in und am Auto herumkramen.

Übung **5** Dann darf der Hund heraus und sitzt.

Übung **1** Eine ruhige Unterhaltung zu Beginn.

Übung **2** Jetzt wird auch der Hund angesprochen.

Die Übung »Sitz«

Es ist angenehm, sich mit jemandem zu unterhalten, während der Hund ruhig neben einem sitzt. Achten Sie darauf, den Hund im Falle eines Falles schon im Aufstehen zu korrigieren. Damit auch zum Schluss nichts schiefgeht, gehen Sie nach der Unterhaltung so weg, dass Sie sich zwischen Ihrem Hund und dem anderen Menschen befinden. Sitzt Ihr Hund links von Ihnen, biegen Sie also nach links ab. So gelangt er nicht doch noch im letzten Moment zu Mensch oder Artgenosse. Tipp: Diese Übung können Sie so auch im »Platz« trainieren (→ Seite 32).

Gezielt üben: Setzen Sie den Hund an Ihre Seite und warten Sie ein paar Momente, bis er ruhig sitzt.

▶ Nun stellt sich ein Helfer etwa zwei Meter vor Sie, und Sie unterhalten sich ruhig, dann auch angeregter mit ihm. Ihr Helfer schaut den Hund nicht an, denn das würde dessen Erwartungshaltung fördern.

▶ Beenden Sie die Übung, solange der Hund ruhig bleibt. Loben Sie ihn mit ruhiger Stimme, auch einen Happen kann es ab und zu geben.

▶ Funktioniert das, verringern Sie den Abstand zum Helfer so weit, wie Ihr Hund es gut aushält. Bleibt er ruhig sitzen, schaut ihn der Helfer direkt an – aber entspannt, nicht anstarren. Bleibt der Hund auch jetzt relaxed, kann der Helfer ihn in ruhigem Ton kurz ansprechen, jedoch nicht mit seinem Namen.

▶ Klappt alles gut, können Sie zwischendurch einmal ein »Schau« einbauen (→ Seite 22).

Umsetzung im Alltag: Sie treffen mit Ihrem angeleinten Hund einen Bekannten, den Sie schon lange nicht mehr gesehen haben. Sie lassen den Hund neben sich sitzen, der Bekannte kommt auf Sie zu, und Sie begrüßen ihn erfreut – je nachdem, wie weit Ihr Hund schon ist, vielleicht sogar mit Umarmung. Ihr Hund sollte sitzen bleiben. Danach können Sie den Hund den Bekannten begrüßen lassen.

Übung 4 Und auch dann, wenn es mal eng wird.

Sie sind auf einem Spazierweg unterwegs. An einer Engstelle kommt Ihnen etwa ein Mensch entgegen, der nicht so sicher auf den Beinen ist. Wie praktisch, wenn der Vierbeiner jetzt dicht an Ihrer Seite sitzen bleibt und der Passant ungestört vorbeigehen kann.

Üben mit anderen Hunden: Klappt die Übung mit Menschen, kommt ein Artgenosse dazu. Ihr Hund sitzt wieder bei Fuß. Nun geht das andere Team von vorn auf Sie zu und bleibt mit genügend Abstand stehen, sodass die Hunde sitzen bleiben. Unterhalten Sie sich nicht. Ein Artgenosse gegenüber ist erst einmal verlockend genug. Im Lauf der Zeit wird der Abstand zwischen beiden Teams verringert.

Wenn es nicht klappt: Wurde der Abstand zur Ablenkung zu schnell verringert? Klingt die Unterhaltung zu lebhaft? Gestikulieren Sie oder der Helfer zu viel? Dauert die Übung schon zu lange? Ist der zweite Hund für Ihren zu unruhig? Klappt die Übung ohne Leine nicht so gut? Dann üben Sie mit Leine.

Übung 5 Mit Abstand ruhig gegenübersitzen.

75

Die Übung »Bei Fuß«

In dieser Stufe verfeinern Sie das Gehen über ein Hindernis. In der folgenden Anleitung wird der Hund links »bei Fuß« geführt. Auch in dieser Stufe kommt es auf genaues Arbeiten an – und auf Ihre Geduld. Falls Ihr Vierbeiner ein lebhafter Typ ist, lassen Sie sich nicht von seinem Temperament anstecken, sondern bleiben Sie stets ruhig und konzentriert. Ruhiges Gehen über Hindernisse ist neben dem Nutzen für den Alltag und der Abwechslung im Training eine sehr gute Ruhe- und Konzentrationsübung für »hibbelige« Vierbeiner. Vorherige Bewegung lässt sein Energielevel sinken.

Gezielt üben: Sie trainieren die Übung wieder an einem Brett.

▶ Stimmen Sie den Vierbeiner, zunächst auf ebenem Gelände, auf das Fuß-Gehen ein. Läuft er konzentriert, gehen Sie zwei, drei Mal mit dem Hund bei Fuß über das Brett, wie auf Seite 54/55 beschrieben.

▶ Macht er auch das konzentriert, werden Sie etwa zwei, drei Schritte vor dem Brett deutlich langsamer und geben dabei das ruhige, gedehnte Hörzeichen »Fuuuß«.

▶ Steigen Sie nun auf das Brett und machen langsam, mit dem linken Bein zuerst, einen Schritt nach unten.

▶ Bleiben Sie nach dem Brett stehen. Ist der Hund genau bei Fuß, steht er jetzt mit den Vorderbeinen neben Ihnen, mit den Hinterbeinen auf dem Brett. Dafür gibt es einen Happen und natürlich ein ruhiges »So ist es brav«.

▶ Nach einer kurzen Pause in dieser Position gehen Sie nun mit einem motivierenden »Fuß« weiter.

Sobald Ihr fleißiger Vierbeiner das kann, steht eine weitere Variante auf dem Programm – einen Schritt rückwärts gehen:

▶ Sie gehen wieder auf das Brett zu und bleiben oben stehen, der Hund steht mit den Vorderbeinen ebenfalls auf dem Brett.

▶ Nun sagen Sie ruhig und gedehnt »Fuuuß« und machen mit dem linken Bein zuerst einen Schritt rückwärts vom Brett hinunter. Geht der Vierbeiner parallel zu Ihnen mit? Sehr gut. Kehrt er dabei um? Falls er das macht oder gar nicht mitgeht, nehmen Sie ein Häppchen zu Hilfe. Halten Sie es, wenn Sie und der Vierbeiner noch auf dem Brett stehen, etwas links von seiner Schnauze. So muss er den Kopf leicht nach außen drehen, dadurch bleibt sein Körper nah an Ihrem Bein.

▶ Jetzt langsam vom Brett heruntergehen. Der Hund wird nun parallel rückwärts und mit der Schnauze am Leckerchen mitgehen. Vielleicht noch nicht gleich beim ersten Mal, aber mit der richtigen Hilfestellung sicher bald.

▶ Ist er unten, gibt es den Happen. Danach gehen Sie mit einem motivierenden »Fuß« wieder in einem Rutsch über das Brett.

Umsetzung im Alltag: Klappen die Übungen mit dem Brett und läuft der Hund auch schon wenige Stufen gut bei Fuß, dann üben Sie an einer Treppe, die länger ist oder auf der ein paar Passanten unterwegs sind. Gehen Sie anfangs in normalem Tempo hinauf und hinunter. Zeigt der Hund einen starken Vorwärtsdrang, werden Sie bewusst langsam. Ein gedehntes, ruhiges »Fuuuß« hilft dabei wieder. Klappt das, trainieren Sie Treppengehen in unterschiedlichem Tempo. Also mal die ganze Strecke flott und mal ganz langsam. Oder Sie wechseln während eines Durchgangs das Tempo. Das Tempo ergibt sich häufig durch die anderen Menschen auf der Treppe. Da kann es sein, dass Sie auch einmal anhalten müssen, etwa dann, wenn Sie mit dem Hund in einen Bus einsteigen und sich am Einstieg ein Stau bildet.

Wenn es nicht klappt: Ist der Hund wirklich konzentriert, wenn Sie auf das Hindernis/die Treppe zugehen? Nur dann kann es klappen. Anfangs können Sie auch Leckerchen zu Hilfe nehmen, an denen Sie den Hund über das Hindernis leiten. Dann gelingt die Übung sicher. Bauen Sie die Leckerchen wieder ab.

Übung **1** Nur einen Schritt bei Fuß nach unten.

Übung **2** Und einen rückwärts vom Brett runter.

Übung **3** Angenehm – bei Fuß eine Treppe rauf.

Übung **4** Und stressfrei in den Bus einsteigen.

Nur Gelassenheit
führt hier zum Ziel

Die folgenden Übungen sind dazu da, dem Hund zu zeigen, dass es ihm Vorteile bringt, gelassen zu bleiben. Manchen Vierbeinern fällt es leichter, die Ruhe zu bewahren, als anderen. Besonders wenn Ihr Vierbeiner sehr temperamentvoll ist oder etwas unbedingt haben möchte, sind die folgenden Übungen jedoch nützlich. Außerdem ist es interessant zu beobachten, wie schnell gut getimte Aktionen des Menschen das Verhalten des Hundes verändern.

Bei diesen Übungen kommt es sehr darauf an, dass Sie ruhig und emotionslos bleiben, auch wenn es länger dauert, bis Ihr Zappelphilipp sich »herunterfährt«.

Sprechen Sie den Hund bei diesen Übungen nicht an. Das würde ihn nur aus dem Konzept bringen. Sie kennen das Prinzip schon, falls Sie das Aussteigen aus dem Auto mit einer Box üben. Die Boxentür geht zu, wenn der Hund sich ohne Erlaubnis Richtung Ausgang bewegt. Beim Auto haben Sie ein bestimmtes Signal wie etwa »Hopp« für das Ein- und Aussteigen (→ Warten im und am Auto, Seite 36). Die folgenden Übungen lösen Sie dagegen nur mit dem Auflösungszeichen auf (→ Info, Seite 17).

Bei all diesen und ähnlichen Übungen ist es wichtig, dass der Hund nie mehr mit unruhigem Verhalten sein Ziel erreicht. Es kommt also auch hier besonders darauf an, dass Sie immer ganz genau arbeiten und sich nicht nach und nach gewisse »Schlampereien« einschleichen. Nur dann kann und wird sich das Verhalten Ihres Vierbeiners dauerhaft verändern.

Die »Versuchung« auf dem Boden

Sie haben ein Lieblingsspielzeug oder einen Happen in der Hand. Ob der Hund dabei steht oder sitzt, ist egal. Geben Sie ihm kein Kommando.

▶ Bewegen Sie die Hand jetzt samt reizvollem Objekt in Richtung Boden.

▶ Sobald der Hund Kurs darauf nimmt, stellen Sie sich wieder gerade hin.

▶ Die Hand mit Spielzeug oder Happen halten Sie an Ihrem Oberkörper. Der Hund darf den Gegenstand nicht erreichen. Sobald er etwaige Bemühungen einstellt, beginnen Sie wieder von vorne.

▶ Die Hand geht nach unten, soweit es möglich ist, das heißt, solange der Vierbeiner Spielzeug oder Happen in Ruhe lässt. Falls nicht, geht die Hand wieder so weit nach oben, bis der Hund nicht mehr versucht daranzukommen.

▶ Sie werden bald feststellen, dass Sie immer weiter nach unten kommen und das Spielzeug oder der Happen schließlich auf dem Boden liegt.

▶ Passen Sie nun auf, denn auch jetzt darf sich der Hund nicht selbstständig Spielzeug oder Happen schnappen. Treten Sie im Falle eines Falles rasch darauf. Nimmt der Vierbeiner sich wieder zurück, nehmen Sie den Fuß weg.

▶ Lässt der Hund die »Versuchung« ohne Ungeduld in Ruhe, erlauben Sie ihm nach ein paar Momenten, Spielzeug oder Happen zu nehmen.

Ruhig zur Tür hinausgehen

Ihr Vierbeiner quetscht sich in Erwartung des Spaziergangs schon durch den kleinsten Spalt an Ihnen vorbei, wenn Sie die Tür öffnen? Das muss nicht sein. Auch bei dieser Übung ist es gleich, ob der Hund sitzt oder steht.

▶ Nehmen Sie Ihren Hund für diese Übung zur Sicherheit an die Leine. Die Leine sollte aber wirklich nur Notbremse sein, falls Ihr Timing nicht stimmt. Ansonsten ist sie vollkommen locker, denn Ihr Vierbeiner soll nicht in erster Linie durch die stramme Leine vom Hinausstürmen abgehalten werden.

▶ Sie stehen nun mit dem Hund und deutlich lockerer Leine an der geschlossenen Tür. Sie greifen an die Türklinke.

▶ Ist Ihr Ungeduldiger jetzt schon aufgeregt? Dann nehmen Sie die Hand wieder weg und bleiben Sie ruhig stehen.

▶ Greifen Sie erneut an die Klinke. So oft, bis der Hund keine aufgeregte Reaktion mehr zeigt.

▶ Öffnen Sie dann die Tür so weit, wie der Hund ruhig bleibt. Beginnt er sich »hochzufahren«, heißt es rasch die Tür schließen.

▶ Allmählich werden Sie die Tür immer weiter aufmachen können. Wiederholen Sie das so oft, bis der Hund an der offenen Tür sitzt oder steht.

▶ Geben Sie ihm nun die Erlaubnis loszugehen. Auch wenn Sie sich sehr über den Erfolg freuen – geben Sie ihm diese Erlaubnis in vollkommen ruhigem Ton. Sie wollen ja nicht, dass Ihr Hund sofort wieder auf hundertachtzig ist.

▶ Jetzt können Sie ihn aber auch bei Fuß nehmen, um zu verhindern, dass er beim Hinausgehen gleich wieder zu forsch wird.

Hinweis: Falls der Vierbeiner durch sein ungeduldiges Verhalten wirklich einmal zur Tür hinaus entwischt, holen Sie ihn sofort zurück und beginnen die Übung von vorne.

Ruhiges Begrüßen

Begrüßungsorgien eines Welpen und Junghundes finden viele Menschen noch sehr putzig. Hat der Vierbeiner aber erst einmal seine volle Größe erreicht und ist nicht gerade ein Kleinhund, wird eine zu stürmische Begrüßung ziemlich unangenehm und für manche Menschen erschreckend. Durch die folgende Übung lernt der Vierbeiner, dass nur Ruhe dazu führt, den begehrten Kontakt zum Menschen aufzunehmen. Sie brauchen dazu eine oder besser wechselnde Hilfspersonen, die der Hund gern mag.

▶ Sie halten Ihren Vierbeiner ohne Kommando und ohne etwas mit ihm zu reden an der Leine.

▶ Ihr Helfer geht ruhig und stumm von vorn auf Sie und den Hund zu.

▶ In dem Moment, in welchem der Vierbeiner beginnt, sich aufzuregen (also erste Anzeichen zeigt), bleibt der Helfer stehen und dreht sich um 180 Grad weg.

▶ Hat der Hund sich beruhigt, dreht die Hilfsperson sich wieder zu ihm um.

▶ Reagiert der Vierbeiner erneut mit Aufregung, dreht sich Ihr Helfer wiederum weg und geht eventuell sogar nochmals ein, zwei Schritte weiter weg.

▶ Bleibt der Hund ruhig, geht der Helfer weiter auf ihn zu.

▶ Das machen Sie und Ihre Hilfsperson so lange, bis Ihr Helfer neben oder vor dem Hund stehen kann und dieser sich ruhig verhält.

▶ Nun wird der Vierbeiner ganz ruhig begrüßt. Sollte er nochmals »aufdrehen«, wird die Begrüßung abgebrochen und auf den Level zurückgefahren, auf welchem der Hund sich beruhigt.

▶ Nun beugt sich Ihre Hilfsperson relativ zügig zum Hund oder geht vor ihm in die Hocke, damit dieser nicht mehr springen kann, und begrüßt ihn vollkommen ruhig (!). Also mit ruhiger Stimme und ruhigem Streicheln.

Hinweis: Achten Sie im Alltag darauf, dass jeder den Hund ruhig begrüßt. Gewöhnen Sie einen »begrüßungswütigen« Vierbeiner außerdem daran, dass beileibe nicht zu jedem Menschen Kontakt aufgenommen werden kann und darf.

Übung 1 Hüpfen Sie vor dem Hund herum.

Übung 2 »Bleib«, und Sie gehen zur Gartentür.

Die Übung »Bleiben im Sitzen«

Je besser der Vierbeiner auch starke Reize aushält, ohne dass es ihn »mitreißt«, desto besser ist es für den Alltag. Nun führen Sie ihn richtig in Versuchung. Steigern Sie die Schwierigkeit aber auch hier allmählich. Außer dem Sitzen auf Baumstümpfen können Sie alles auch mit »Platz und Bleib« üben (→ Seite 56). Bauen Sie die Übung wo immer möglich in den Alltag ein. Nur so festigt sich das Gelernte und nutzt dann auch etwas.

Gezielt üben: Lassen Sie den Hund sitzen und entfernen Sie sich mehrere Meter.

▶ Zunächst gehen Sie ein paar Mal vor dem Hund hin und her. Sehen Sie, dass er gelassen ist, hüpfen Sie, machen Bewegungen mit den Armen und trällern vielleicht ein Liedchen. Aber nur so viel, wie Ihr Hund es noch aushält.

▶ Wird Ihr Hund unruhig, bewegen Sie sich weniger, sodass er gar nicht erst aufsteht. Falls er doch aufsteht, bringen Sie ihn rasch wieder an dieselbe Stelle zurück und beginnen– anfangs mit gebremster Aktivität – von Neuem.

▶ Kehren Sie am Ende zum Vierbeiner zurück, schalten Sie für das Lob – körpersprachlich und verbal – gleich auf Ruhe um.

Umsetzung im Alltag: Eine gute Variante für unterwegs ist das Sitzen auf einem Baumstumpf. Je kleiner dieser ist, umso schwieriger. Auf einem Baumstumpf muss der Vierbeiner ruhig sitzen, sonst rutscht er ab. Dies ist eine gute Konzentrationsübung, auch für nervöse Hunde.

Bewegen Sie sich zunächst ruhig vor dem Hund und steigern Sie dann Ihre Aktivitäten. Oder Sie nützen die »natürliche« Ablenkung in der Nähe, wie etwa Spaziergänger oder Jogger.

Zu Hause nutzen Sie die Übung, wenn etwa ein Postbote ein Paket an der Gartentür abgibt. Sie lassen den Hund ein Stück entfernt sitzen und gehen allein zur Gartentür.

Wichtig: Nutzen Sie nur Situationen, die der Vierbeiner gut bewältigt und die ihn nicht überfordern. Denn sind Sie – wie im

Übung **3** Ruhiges Bleiben auf kleiner Fläche.

Übung **4** Sie entfernen sich von Ihrem Hund …

Beispiel mit dem Paketboten – mit etwas anderem beschäftigt, können Sie nicht gut darauf achten, ob der Hund sitzen bleibt.

Üben mit anderen Hunden: Ihr Hund sitzt an Ihrer Seite. Ihr Trainingspartner geht mit seinem Hund in einigen Metern Entfernung herum. Sie sagen »Bleib« und gehen ohne Ihren Hund zum anderen Team. Nun unterhalten Sie sich angeregt und spazieren zusammen in Sichtweite Ihres Vierbeiners herum. Behalten Sie ihn unauffällig im Auge. Nach wenigen Minuten trennen Sie sich und gehen zum Hund zurück.

Wenn es nicht klappt: Ist zu viel »Action« in der Übung? Ist der Baumstumpf zu klein, die Ablenkung noch zu intensiv für den Vierbeiner? Reagieren Sie zu spät, wenn er aufsteht? Verbessern Sie Ihr Timing. Bleibt der Hund bereits mit weniger Ablenkung schon nicht wirklich entspannt sitzen? Dann arbeiten Sie zuerst daran, bis es klappt. Vielleicht ist seine Tagesform einfach nicht gut? Dann üben Sie eine einfache Variante und probieren die anspruchsvollere Übung an einem anderen Tag.

Übung **5** … und gehen mit dem anderen Team mit.

Übung **1** Der Hund bleibt, Sie gehen ins Haus.

Übung **2** Legen Sie den Hund an Ihrem Platz ab.

Die Übung »Bleiben außer Sicht«

Den Hund bei Bedarf ein paar Minuten kurz außer Sichtweite abzulegen, ist oft praktisch. Es ist jedoch wichtig, dass der Vierbeiner zuverlässig und gelassen liegen bleibt – auch dann, wenn andere Leute dicht an ihm vorbeigehen.

Selbst wenn Sie Ihren Hund sowieso immer mit der Leine festmachen, sollte er trotzdem das Ablegen unbedingt beherrschen, denn so hat der Hund überhaupt keinen Stress, wenn Sie sich entfernen.

Achtung! Machen Sie Ihren Vierbeiner mit der Leine nicht an Gegenständen fest, die beweglich sind und womöglich umfallen, falls der Hund nicht liegen bleibt.

Gezielt üben: Legen Sie den Hund im Garten ins Platz. Ihre Familienmitglieder oder Freunde sind währenddessen im Garten als Ablenkung unterwegs.

► Nach kurzer Pause sagen Sie »Bleib« und gehen ins Haus.

► Behalten Sie den Hund durch ein Fenster im Auge, aber so, dass er Sie nicht sehen kann.

► Nach einigen Minuten kehren Sie zu ihm zurück. Loben Sie Ihren Vierbeiner nicht schon unterwegs, sondern erst, wenn Sie wieder neben ihm stehen – und auch dann mit Ruhe. So verhindern Sie, dass er Ihnen schon freudig entgegenkommt.

► Lassen Sie den Hund noch ein wenig neben sich im Platz liegen. Nur wenn er ruhig ist, lassen Sie ihn aufsitzen und beenden die Übung.

► Dehnen Sie die Ablegedauer nach und nach auf fünf bis zehn Minuten aus und üben Sie auch, wenn Besucher als Ablenkung da sind.

Umsetzung im Alltag: Sie kommen nach einer Wanderung zu einem Ausflugslokal und haben einen schönen Tisch im Freien gefunden. Da man sich das Essen drinnen holen muss, legen Sie den Vierbeiner in einem ruhigen Bereich an Ihrem Tisch ab und gehen ins Lokal.

Übung **3** In Ruhe holen Sie sich Ihr Essen.

Übung **4** Beide Besitzer gehen nach vorn weg.

Achten Sie darauf, dass Sie das »Bleib« ruhig, aber dennoch bestimmt sagen.

Sie kommen auf dem Rückweg vom Spaziergang an Ihrem Biomarkt vorbei und brauchen schnell noch zwei, drei Dinge? Kein Problem, wenn Ihr Vierbeiner am Rand des Eingangsbereichs liegen bleibt.

Wichtig: Achten Sie immer darauf: Selbst wenn Sie in Eile sind, legen Sie den Hund stets ohne Hektik ab. Und denken Sie an eine ruhige Stimmlage.

Üben mit anderen Hunden: Beginnen Sie mit einer »bewegungsarmen« Variante und dehnen Sie die Dauer der Übung auf mehrere Minuten aus.

▶ Beide Hunde werden mit einigen Metern Abstand zueinander und in entgegengesetzter Blickrichtung abgelegt.

▶ Jeder Zweibeiner geht nun nach vorn von seinem Hund weg, begegnet dabei dem Trainingspartner und geht danach am fremden Hund vorbei. Ein Stück hinter diesem verschwindet er in einem Gebüsch und bleibt dort ruhig stehen. Sollte nun doch einer der Hunde seinem Menschen folgen, ist das Risiko, dass der andere Vierbeiner mitläuft, bei dieser Übungsweise geringer, als wenn sie in dieselbe Richtung schauen und die Besitzer ebenfalls in eine Richtung verschwinden.

Dazu noch ein Tipp: Solche strategischen Überlegungen helfen auch bei anderen Übungssituationen, Fehlerquellen im Vorfeld zu minimieren.

Wenn es nicht klappt: War der Hund noch unkonzentriert, als Sie weggingen? Warten Sie, bis er im Platz »angekommen« ist. Sind Sie zu schnell, zu weit oder zu lange weggegangen? Steigern Sie die Übung langsam.

Ist Ihrem Hund nicht wohl, wenn er allein liegen bleiben muss, weil er Menschen oder Umweltreizen gegenüber grundsätzlich unsicher ist? Dann sollten Sie den Vierbeiner besser nicht allein ablegen oder nur dort, wo er keinen Reizen ausgesetzt ist, die ihn verunsichern.

Die Übung »Stopp«

Manchmal ist es sinnvoller, den Hund im Lauf zu stoppen, als ihn zurückzurufen, weil Ersteres schneller geht. Das kann zum Beispiel dann sein, wenn der Vierbeiner ein Stück vorausläuft und ein Radfahrer entgegenkommt. Beim Stoppen auf Entfernung kommt es darauf an, dass der Hund wirklich dort bleibt, wo er sich zum Zeitpunkt Ihrer »Anweisung« befindet, und nicht noch etwa auf Sie zuläuft. Auch beim Stoppen ist es deshalb wichtig, schrittweise vorzugehen und auf die Feinheiten zu achten. Damit der Vierbeiner die Übung auch wirklich versteht und zuverlässig an Ort und Stelle bleibt, bekommt er seine Belohnung immer in der Entfernung.

Gezielt üben: Suchen Sie sich einen übersichtlichen, hellen und nicht zu schmalen Weg ohne Ablenkung. Packen Sie größere Leckerchen ein. Sie müssen gut zu werfen sein, und der Hund muss sie am Boden leicht und schnell sehen und finden.

▶ Nun gehen Sie los. Der Hund läuft ein Stück voraus, ist aber nicht mit Schnüffeln oder anderem beschäftigt.

▶ Schon während Sie noch gehen, nehmen Sie einen Happen in die Hand. Bleiben Sie stehen und sprechen Sie den Hund kurz an. Nur in der Intensität, die nötig ist, dass er innehält und zu Ihnen schaut. Falls er anfangs noch ein, zwei Schritte in Ihre Richtung macht, ist das in Ordnung. Aber jetzt sind Sie dran!

▶ Holen Sie mit dem »Leckerchenarm« ganz deutlich und schnell aus (den Arm also nicht nur hochheben), machen Sie dazu einen ebenso deutlichen Schritt nach vorn und werfen den Happen dicht neben den Hund, noch besser hinter ihn. Der Happen darf nicht vor dem Hund landen, denn der Vierbeiner soll sich nicht auf Sie zubewegen.

▶ Während er frisst, nehmen Sie schon den nächsten Happen in die Hand. Ihr Vierbeiner wird nämlich sofort schauen, ob wieder ein Happen kommt. Also gleich noch mal Arm hoch. Ihr

Übung **1** Der Hund ist aufmerksam.

Hund wird nun kurz verharren (das ist das, was Sie wollen). Und schon fliegt der Happen. Machen Sie das zwei, drei Mal. Dann gehen Sie normal weiter. Bei den nächsten Spaziergängen wiederholen Sie das.

▶ Sobald der Hund wirklich bewusst stoppt und gespannt auf die fliegende Mahlzeit wartet, wenn Sie den Arm nach oben nehmen, warten Sie mit dem Werfen. Der Arm ist aber schon oben, und Sie drücken Spannung aus.

▶ Eventuell setzt sich Ihr Hund von selbst, ansonsten sagen Sie deutlich betont »Sitz«. Dabei gehen Sie, wenn nötig, noch einen deutlichen Schritt auf ihn zu. Der Vierbeiner sitzt, das Leckerchen fliegt, dazu sagen Sie im selben Moment Ihr Auflösungssignal. Wiederholen Sie auch diese Übung nun zwei, drei Mal nacheinander und bauen Sie sie in die Spaziergänge ein.

▶ In der nächsten Stufe sprechen Sie Ihren Hund – wie gewohnt – ganz kurz an und sagen, zusammen mit der Bewegung des Arms nach oben, deutlich »Sitz«.

Übung **2** Sie heben rasch und deutlich den Arm.

Übung **3** Werfen Sie den Happen hinter den Hund.

Klappt das, darf die Entfernung nun auch weiter sein, als Sie den Happen werfen können und der Hund Ihre Anweisung deutlich wahrnimmt. Aber jetzt werfen Sie den Happen nicht mehr, sondern gehen zu Ihrem Vierbeiner, sobald er sitzt.

► Erst wenn Sie bei ihm sind, geben Sie ihm seine Belohnung und loben ihn. Vergessen Sie anschließend nicht, das »Sitz« aufzulösen.

Wenn es nicht klappt: Geht Ihr Arm zu »langweilig«, langsam oder unvermittelt nach oben? Dann fehlt die Spannung. Ihrem Hund sind die Happen egal? Probieren Sie verschiedene aus. Oder werfen Sie doch sein Lieblingsspielzeug. Er schaut gar nicht auf Sie? Vielleicht ist er gerade zu sehr abgelenkt. Oder ist er grundsätzlich nicht so aufmerksam? Dann arbeiten Sie daran, indem Sie verstärkt üben, dass er sich unterwegs an Ihnen orientiert (→ Seite 126). Überlegen Sie außerdem, ob Sie vielleicht grundsätzlich zu viel auf ihn einreden. Dann wird Ihre Stimme uninteressant und wirkungslos.

Versuchen Sie es alternativ mit einer anderen Methode, die sich leicht umsetzen lässt:

► Lassen Sie den Hund ebenfalls auf einem hellen, übersichtlichen Weg sitzen.

► Nun sagen Sie »Bleib« und entfernen sich ein paar Meter von ihm nach vorn.

► Drehen Sie sich dann zum Hund und nehmen Sie den Arm nach oben, wie vorher beschrieben.

► Wiederholen Sie dabei Ihr »Sitz«.

► Jetzt werfen Sie den Happen am besten über den Hund nach hinten und sagen gleichzeitig Ihr Auflösungssignal.

► Nun machen Sie so weiter wie ab Punkt 4 auf Seite 84. Sie halten also schon den nächsten leckeren Happen bereit, während Ihr Vierbeiner den vorherigen noch frisst.

► Sobald der Hund verstanden hat, worum es geht, beginnen Sie das Training nicht mehr aus dem Bleiben im Sitzen, sondern wenn er etwas vorausläuft.

Trainings-programm für Stufe 4

Wenn Ihr Vierbeiner alle bisherigen Übungen verinnerlicht hat, gehört er auf alle Fälle schon zu den fortgeschrittenen Schülern. Nutzen Sie im täglichen Zusammenleben Situationen, in denen Sie die eine oder andere bereits bekannte Übung anwenden können. Das ist sehr praktisch und neben der mentalen Beschäftigung des Vierbeiners ja der Sinn dieser Übungen. Andererseits festigt und erhält man dadurch das Gelernte – ob nun in einfacherer Form oder unter anspruchsvollen Bedingungen. So müssen Sie für bekannte Übungen weniger zusätzliche Zeit zum Trainieren einplanen.

Noch mehr Beherrschung gefragt

Damit der Hund schnellen Reizen gegenüber möglichst unempfindlich wird, werden nun unter anderem die Übungen mit dem Lieblingsspielzeug, alternativ mit etwas Fressbarem wie etwa einem Kauartikel, gesteigert. Das Objekt fällt nun in unterschiedlichen Varianten auf den Boden. Da ist es für die meisten Hunde sehr, sehr verlockend, dem Spielzeug oder getrockneten Rinderohr nachzujagen. Neben dem schrittweisen Aufbau ist es deshalb ganz wichtig, dass der Vierbeiner im Falle eines Falles nicht ungewollt zum Erfolg kommt. Sind Sie im Zweifel, ob Sie selbst gegebenenfalls schnell genug reagieren können, engagieren Sie sich einen Helfer. Der postiert sich in der Nähe des Spielzeugs oder Futters, aber nicht direkt daneben. Falls es den Vierbeiner »überkommt« und er sich nicht beherrschen kann, hebt der Helfer Spielzeug oder Futter rasch und kommentarlos auf – also ohne den Hund zu »schimpfen«. Laufen seine etwaigen Bemühungen ins Leere, wird der Hund sie mangels Erfolg lassen.

Auch das Fuß-Gehen wird nun spannender. Ball oder Futter fliegen zwar nicht, liegen aber gut sichtbar auf dem Boden. Bei Fuß darauf zuzugehen, verlangt ebenfalls viel Selbstbeherrschung vom Hund. Deshalb auch hier aufpassen und erst dann ohne Leine üben, wenn der Vierbeiner angeleint völlig gelassen darauf zugeht.

Ungeduld nicht unbewusst belohnen

Darf der Vierbeiner, wenn er sich beherrschen konnte, nun Spielzeug oder Knabberteil zur Belohnung haben? Ja und nein. Nein, wenn er sich nur schwer beherrschen konnte und angespannt darauf wartete, endlich dorthin zu dürfen. Um diese Erwartungshaltung nicht zu belohnen, ist es sinnvoller, die Aufmerksamkeit des Hundes auf sich zu lenken und dies

mit einem Happen aus der Hand zu belohnen. Bleibt er jedoch gelassen und entspannt, darf er Spielzeug oder Kauartikel bekommen. Das gilt aber nicht nur für diese Übungen, sondern auch für entsprechende Situationen im Alltag. Zum Beispiel auch bei Hundebegegnungen. Im Falle eines Falles wird er nicht zum Spielen abgeleint, wenn er vor Ungeduld schon fast platzt. Setzt er sich aber brav zum Ableinen, schaut Sie an und wartet ruhig auf Ihre Erlaubnis, darf er los.

Warum keine Leinenkontakte?

Dass Kontakte des angeleinten Hundes zu Artgenossen für den Alltag kontraproduktiv sind, haben Sie im Kapitel zu Stufe 3 (→ Seite 62 ff.) schon gelesen. Wussten Sie aber auch, dass Sie Ihrem Vierbeiner damit in mehrfacher Hinsicht Stress ersparen?

Darf er angeleint mal zu anderen Hunden (meist ja durch Zerren, womöglich noch Bellen usw.) und mal nicht, wird er es jedes Mal wieder versuchen, denn es könnte ja klappen. Das ist unnötiger Stress für den Hund. Weiß er von vornherein, dass es das nicht gibt, wird er es gar nicht erst probieren und kann so völlig gelassen bleiben.

Ein weiterer Stressfaktor ist die eingeschränkte Bewegungs- und so auch die eingeschränkte Verständigungsmöglichkeit eines angeleinten Hundes. Nicht selten sind leinenaggressive Vierbeiner hausgemacht! Hunde, die sich unterwegs begegnen, brauchen Raum. Wirklich gut geht das nur im Freilauf. Das heißt aber nun nicht, dass Sie Ihren Vierbeiner womöglich jedes Mal ableinen müssen, wenn ein anderer Hund kommt. Im Gegenteil – gelassenes Vorbeigehen an anderen Artgenossen mit dem nötigen Abstand gehört zum Pflichtprogramm und soll für Zwei- und Vierbeiner stressfrei sein. Das geht aber nur, wenn man es übt. Das bedeutet auch, dass man den eigenen frei laufenden Hund rechtzeitig (!) zu sich holt, wenn ein angeleinter des Weges kommt, anstatt womöglich vom anderen Hundehalter zu erwarten oder gar zu verlangen, den Vierbeiner gefälligst abzuleinen. Auch wenn der eigene noch so gern »nur spielen« möchte. Vielleicht ist der andere deshalb angeleint, weil er krank, läufig, unverträglich ist oder gerade etwas übt. Oder noch zu jung oder zu klein ist, um mit einem stürmischen erwachsenen und womöglich viel

Auch wenn der nicht angeleinte Hund nur spielen möchte: Ist ein Vierbeiner angeleint, sollte der frei laufende zurückgerufen werden.

größeren Vierbeiner zu toben. Ganz egal warum, das zu respektieren, würde jedenfalls so manchen überflüssigen Konflikt unter Hundehaltern vermeiden.

Hundebegegnungen managen: Auf Seite 60/61 haben Sie bereits gelesen, wie man Situationen managen kann. Das kann auch bei Hundebegegnungen einmal nötig sein. Kommen Sie also in eine Situation, in der ein Ausweichen nicht möglich ist, aber auch kein gezieltes Üben, lenken Sie die Aufmerksamkeit des Hundes auf etwas anderes. Verteilen Sie zum Beispiel Futterbröckchen bei sich am Boden, und zwar in einer dem Artgenossen abgewandten Richtung. Die kann der Vierbeiner dann suchen und ist so beschäftigt. Auch ein Kauknochen kann helfen, seine Aufmerksamkeit vom anderen Hund abzulenken. Außerdem baut Kauen Stress ab.

Nicht selten kommt es vor, dass der eigene Hund gerade angeleint ist, ein frei laufender aber zu Ihnen kommt, weil dessen Besitzer seinen Vierbeiner mangels Gehorsam nicht zurückrufen kann. Was dann? Das kommt auf die Situation an und lässt sich pauschal nicht sagen. Knurren sich die Hunde an, kann es das Beste sein, die Leine einfach fallen zu lassen und sich zügig zu entfernen. Dadurch entspannt sich die Situation häufig. Ist das nicht möglich, etwa weil der eigene Hund dem anderen nicht gewachsen wäre, könnten Sie Ihren Vierbeiner hinter sich nehmen und den anderen abblocken. Hat Ihr Vierbeiner angeleint Probleme mit Artgenossen, finden Sie auf Seite 94/95 Tipps, was Sie dagegen tun können und welche Ursachen sein Verhalten haben könnte.

Körpersprache oder Leckerchen?

Für viele Hundehalter sind die einzelnen Methoden in der Hundeerziehung manchmal echt verwirrend. So schwören manche Trainer auf reine Konditionierung mit Belohnungshäppchen (→ Seite 9/10), andere ausschließlich auf Kommunikation durch Körpersprache, weil Hunde untereinander ebenso kommunizieren. Doch muss es überhaupt ein Entweder-oder sein? Nein, denn es gibt nicht »die« Methode für alle, da jeder Hund und jeder Mensch anders ist. Die Kommunikation über Körpersprache ist, wie schon im ersten Kapitel beschrieben, absolut wichtig, entspricht der Art des Hundes und macht daher im Umgang mit ihm und in seiner Beziehung zu seinem Menschen sehr viel aus. Doch im Alltag des durchschnittlichen Familienhundes geht es nicht ohne Konditionierung. Aber wann ist was angesagt?

Körpersprache: Sie gehen aus dem Zimmer, der Hund läuft Ihnen nach. Sie möchten jedoch, dass der Hund im Zimmer bleibt – und zwar bei offener Tür. Dazu drehen Sie sich kurz vor der offenen Tür zum Hund um und gehen »drohend« auf ihn zu (→ Seite 11), sodass er ins Zimmer zurückweicht. Dann verlassen Sie den Raum. Möchte er erneut hinterher, bremsen Sie ihn wieder kurz vor der »Grenze«. Stimmt Ihre Botschaft, bleibt der Hund im Zimmer – kann sich aber frei bewegen, etwa sich irgendwo hinlegen oder etwas spielen. Nur über die Schwelle darf er nicht. Der Hund könnte aber auch ein »Sitz« im Zimmer befolgen, denken Sie vielleicht. Könnte er, aber dann führt er eine Übung aus, statt zu respektieren, dass Sie im Moment seinen Freiraum begrenzen. Letzteres unterstreicht jedoch Ihre Souveränität und ist somit schon aus diesem Grund nützlich.

Konditionieren: Möchten Sie Ihren Hund etwa kurz vor der Bäckerei warten lassen, muss er an einer bestimmten Stelle liegen bleiben. Hier hat die Konditionierung ihre Berechtigung, denn eine systematisch trainierte Übung ist zuverlässiger und vor allem sicherer. Genauso ist es mit dem Kommen. Ein konditioniertes Signal, welches den Vierbeiner sofort umkehren lässt, ist absolut wichtig, wenn man mit dem Hund nicht nur in der völligen Einöde unterwegs ist. Erwarten Sie

ein konkretes Verhalten wie etwa das Kommen oder eine ganz bestimmte Position (etwa Sitzen, Bei-Fuß-Laufen) vom Hund, ist die Konditionierung die bessere Wahl, auch wenn sie in der Verständigung unter Hunden nicht vorkommt. Da legt aber auch keiner einen Artgenossen vor der Bäckerei ab oder muss durch ein »Hier« etwa eine Kollision mit einem Radfahrer verhindern. Auch Hundehalter, die sich mit der körpersprachlichen Kommunikation schwertun, haben im Konditionieren eine notwendige Alternative.

Trainingsplan Stufe 4

Bei manchen Übungen kommen einige schnelle Bewegungsreize ins Spiel. Passen Sie das Trainingstempo Ihrem Hund an. Ein Vierbeiner, der auf solche Reize stark reagiert, braucht einen langsameren Aufbau als ein gemütlich veranlagter.

Übungen	Wie oft?
Sitz	täglich, dann mehrmals wöchentlich
Warten im Auto	mehrmals wöchentlich
Stopp	mehrmals wöchentlich
Platz	täglich, dann mehrmals wöchentlich
Bei Fuß	mehrmals wöchentlich
Bleiben im Platz	täglich, dann mehrmals wöchentlich
Bleiben außer Sicht	mehrmals wöchentlich
Kommen auf Ruf	mehrmals wöchentlich

Übung 1 Hochwerfen und fangen.

Übung 2 An Schnur ins Wasser werfen.

Übung 3 Trotzdem sitzen bleiben.

Die Übung »Sitz«

Hier kommt es darauf an, dem Hund keinen unerwünschten Erfolg zu ermöglichen, wenn er nicht sitzen bleibt. Das heißt, Sie sollten darauf achten, dass Sie Ball oder Kaustange immer auffangen und dass der Hund auch am Wasser keinen Fehlstart hinlegt. Beim Üben mit Artgenossen darf er während des Trainings nicht zum anderen Hund oder Menschen gelangen.

Gezielt üben: Lassen Sie den Hund an Ihrer Seite sitzen. Nun ziehen Sie seinen Lieblingsball aus der Tasche. Ist er schon ungeduldig? Dann halten Sie den Ball ruhig in der Hand und sorgen dafür, dass der Hund sitzt. Sitzt er links und Sie halten den Ball in der rechten Hand, ist der Ball etwas weiter vom Hund entfernt, und die Übung wird dadurch einfacher.

▶ Erst wenn Ihr Vierbeiner ruhig sitzt, nehmen Sie den Ball in die linke Hand. Klappt auch das, beginnen Sie, den Ball ein wenig hochzuwerfen und wieder aufzufangen. Je langsamer Sie das machen, umso leichter. Je schneller und höher Sie den Ball werfen, umso anspruchsvoller. Alternativ zum Ball können Sie auch etwas Fressbares verwenden.

Umsetzung im Alltag: Liebt es Ihr Hund, seinem Ball im Wasser hinterherzujagen? Machen Sie eine Übung daraus. Dazu brauchen Sie ein Spielzeug, an dem Sie eine lange, dünne Schnur befestigen.

▶ Üben Sie am Wasser zunächst ein wenig Fuß-Gehen oder ruhiges Sitzen mit Ihrem Vierbeiner. Eventuell auch ein »Bleib«, falls der Hund nicht ins Wasser durchstarten möchte.

▶ Anschließend befestigen Sie das andere Ende der Schnur direkt am Ufer an einem Strauch. Ist keine Pflanze da, binden Sie sich die Schnur ums Handgelenk.

▶ Nun nehmen Sie den Hund bei Fuß. Ob an- oder abgeleint, entscheiden Sie nach Gehorsamsstand.

▶ Sitzt der Hund gelassen neben Ihnen, legen Sie das Spielzeug ins Wasser. Er darf nicht hinterher. Bleibt er ruhig, gibt es nach einigen Momenten ein Häppchen.

▶ Ziehen Sie das Spielzeug wieder aus dem Wasser. Als Nächstes werfen Sie es hinein. Der Hund sitzt.

▶ Lassen Sie das Spielzeug eine Zeit lang im Wasser treiben. Belohnen Sie den Hund fürs Sitzen. Ziehen Sie das Spielzeug wieder aus dem Wasser und packen Sie es weg.

▶ Erst wenn Ihr Hund zwei, drei Minuten ruhig neben Ihnen sitzt und Sie das Spielzeug mehrmals ins Wasser werfen können, fliegt es zwischendurch auch mal ohne Schnur, und der Hund darf es nach längerem Sitzen holen.

Üben mit anderen Hunden: In Stufe 3 standen Sie sich mit einem anderen Hundebesitzer gegenüber (→ Seite 75). Nun stehen Sie sich erneut gegenüber, die Hunde sitzen links bei Fuß.

Aber jetzt unterhalten Sie sich. Je angeregter und gestenreicher, umso schwieriger ist die Übung. Auch wenn Sie Ihre Aufmerksamkeit zum Teil auf Ihr Gegenüber richten – behalten Sie den Hund im Auge. Wiederholen Sie rechtzeitig »Sitz«, falls er Anstalten macht aufzustehen. Nach kurzer Unterhaltung biegen Sie nach links ab. So gelangt der Vierbeiner weder zum Artgenossen noch zu dessen Zweibeiner.

Wenn es nicht klappt: Ist Ihr Vierbeiner es gewohnt, seinen Ball gleich zu fangen, sind die Übungen am Anfang schwierig. Üben Sie, wenn Ihr Hund müde ist. Überspringen Sie keinen Übungsschritt und gehen Sie nicht zu früh zum nächsten. Am Wasser vergrößern Sie den Abstand zwischen Ufer und Spielzeug so weit, wie Ihr Hund es aushält.

Beim Üben mit dem anderen Team unterhalten Sie sich zuerst nur sehr gelangweilt.

Übung 4 Nach dem Plausch links abbiegen.

Übung 5 So läuft der Hund an der Außenseite.

Warten im und am Auto

Damit diese Übung im Alltag zuverlässig klappt, wird die Ablenkung weiter erhöht. Achten Sie darauf, wie der Hund sich verhält. Wirkt er auch nur etwas unruhig, schalten Sie eine Stufe zurück und arbeiten sich langsam an die nächste heran. Für den Alltag ist es wichtig, dass der Vierbeiner absolut gelassen bleibt. Wer sich sicherer fühlt, kann notfalls ein ruhiges »Bleib« sagen, wenn die Heckklappe offen ist. Denn eigentlich müsste der Hund dann an einer ganz bestimmten Stelle bleiben. Denken Sie außerdem daran, ihn zackig und beherzt wieder ins Auto zu befördern, falls er einmal unerlaubt aussteigen sollte.

Gezielt üben: Engagieren Sie Ihre Familie oder ein, zwei andere Hilfspersonen. Bringen Sie den Hund ins Auto.

► Nach ein paar Minuten öffnen Sie die Heckklappe, und die Hilfspersonen gehen am Auto hin und her, sprechen den Hund aber nicht an. Sie gehen ein Stück seitlich neben das Auto.

► Bringt das alles den Vierbeiner nicht aus der Ruhe, tun Sie so, als würden Sie etwas vom Fahrer- oder Rücksitz holen. Also Autotür auf, etwas herumkramen und die Tür wieder schließen.

► Beenden Sie die Übung einmal damit, dass der Hund aussteigen darf, und ein anderes Mal damit, dass die Heckklappe erst noch mal ein paar Minuten geschlossen wird, bevor er herausdarf.

Wichtig: Nicht vergessen – den Vierbeiner nach dem Aussteigen immer sitzen lassen!

Umsetzung im Alltag: Suchen Sie sich einen belebteren, ungefährlich gelegenen Parkplatz. Es darf aber nur so viel los sein, dass es Ihrem Hund nicht zu viel ist.

► Gehen Sie am offenen Auto umher, auch einmal etwas weiter weg und an die Seiten (da sieht Ihr Hund Sie nicht mehr).

► Wenn das klappt, holen Sie noch kurz etwas vom Rück- oder Fahrersitz.

Übung 1 Die Helfer gehen am Auto auf und ab.

Übung 3 Beide Vierbeiner warten in den Autos.

Übung 2 Sie holen noch kurz etwas aus dem Auto.

► Anschießend gehen Sie zum Hund zurück, legen ihm die Leine an und lassen ihn aussteigen. Wem das zu unsicher ist, der kann den Hund direkt nach dem Öffnen der Heckklappe anleinen und die Leine im Auto festmachen. Dann aber unbedingt so kurz, dass er nicht bis zum Rand der Heckklappe gelangt. Denn würde er herausspringen, könnte er sich strangulieren. Das Festmachen mit der Leine sollte keine Alternative zu den Übungen sein, sondern allenfalls eine zusätzliche Möglichkeit.

Üben mit anderen Hunden: Wenn der Vierbeiner Ihres Trainingspartners ebenfalls im Auto warten kann, üben Sie miteinander. Die Autos stehen nebeneinander, die Vierbeiner sind darin und sollten sich nicht unmittelbar vorher schon gesehen haben. Die Heckklappen werden geöffnet.

► Bleiben Sie zuerst noch an den Autos. Schieben Sie Ihren Vierbeiner energisch zurück, falls er den vierbeinigen Nachbarn interessant findet und womöglich überlegt auszusteigen.

► Bleiben beide gelassen, gehen Sie am Auto hin und her und auch mal weiter weg oder an die Seite des Autos. Unterhalten Sie sich dabei. Dann holt einer seinen Hund aus dem Auto. Ob der andere Besitzer dabei vorsichtshalber zunächst an seinem Auto steht oder wegbleibt, richtet sich danach, wie gelassen der wartende Hund bleibt, wenn der Trainingsfreund nebenan aus seinem Auto springt (und danach sitzt). Anschließend darf der andere Vierbeiner aussteigen. Wiederholen Sie die Übung mit vertauschten Rollen.

Wenn es nicht klappt: Wahrscheinlich sind Sie zu schnell vorgegangen. Bewegen Sie sich nicht zu hektisch. Seien Sie konzentriert, aber nicht angespannt. Ist auf dem Parkplatz zu viel los? Ist der Trainingspartner zu unruhig? Parken Sie die Autos weiter auseinander. Fällt es Ihrem Hund grundsätzlich schwer, Artgenossen zu ignorieren? Arbeiten Sie zunächst vermehrt an den Übungen mit anderen Hunden, aber ohne Auto.

Übung 4 Sie gehen weg, der andere Hund darf raus.

Aggression an der Leine

Hunde brauchen Freiraum, um miteinander kommunizieren zu können. Der fehlt an der Leine. Sie können sich nicht umkreisen, ausweichen usw. Das birgt Konfliktpotenzial. Verhält sich der Vierbeiner nur an der Leine aggressiv, wird der Spaziergang phasenweise leicht zum Stress. Doch »die« Leinenaggression gibt es nicht. Es gibt unterschiedliche Ursachen und Ausprägungen. Deshalb kann es keine pauschalen Lösungen geben. Aber anhand der möglichen Ursachen und Lösungswege können Sie abschätzen, wo der Hase im Pfeffer liegen könnte. Leinenaggression lässt sich nicht ruck, zuck kurieren. Suchen Sie sich daher einen guten Trainer, wenn Sie mit dieser Aufgabe überfordert sind.

1 Das könnten die Ursachen sein

Mangelnder Gehorsam, Fehlverknüpfungen, schlechte Erfahrungen, mangelnde Frustrationstoleranz und falsches Verhalten des Menschen sind häufige Ursachen für aggressives Verhalten des Hundes an der Leine.

▶ Der Vierbeiner hat nicht gelernt, unter Ablenkung bei Fuß zu laufen, seine Aufmerksamkeit auf Sie zu richten oder ruhig zu sitzen.

▶ Kommt Ihnen ein Hund entgegen, werden Sie unsicher oder ängstlich. Ihrem Vierbeiner fehlt so Ihre Sicherheit, und er wählt die Flucht nach vorn.

▶ Sie straffen vorbeugend die Leine und/oder reden den Hund nervös an. Damit »sagen« Sie ihm: »Vorsicht, jetzt wird es gefährlich!« Der Vierbeiner ist alarmiert und reagiert entsprechend.

▶ Der Vierbeiner wurde angeleint von einem anderen Hund zu stark bedrängt, bedroht oder angegriffen.

▶ Der Hund ist gewohnt, an der Leine zerrend und aufgeregt Kontakt zu Artgenossen aufzunehmen. Geht das dann einmal nicht, ist er frustriert und pöbelt. Erst recht, wenn er womöglich auch sonst immer alles darf und bekommt, was er möchte.

▶ Der eigene Vierbeiner fixiert den entgegenkommenden schon aus der Entfernung. Der Besitzer erkennt das nicht und lässt ihn »zum Begrüßen« zum Artgenossen.

▶ Obwohl der eigene Hund lieber Abstand zu Artgenossen hält, zwingt man ihn zum »Begrüßen« an der Leine. Der Hund kann sich nicht aus dieser Situation befreien und tritt die Flucht nach vorn an.

2 Das könnte die Lösung sein

Ganz wichtig ist das perfekte Timing! Sie müssen stets vor oder spätestens bei den kleinsten Anzeichen darauf reagieren, dass Ihr Hund auf Krawall gebürstet ist. Bleiben Sie dabei immer so gelassen wie möglich, vermeiden Sie Hektik und Nervosität. Reden Sie auch nicht auf Ihren Vierbeiner ein!

▶ Nehmen Sie den Hund an die Außenseite, sodass Ihr Vierbeiner relativ entspannt ist, und gehen Sie zügig und in einem großen Bogen am Artgenossen vorbei. Drängen Sie Ihren Hund bei Bedarf rechtzeitig mit Ihrem äußeren Bein nach außen. Hier kann es nützlich sein, wenn der Hund auf beiden Seiten bei Fuß gehen kann (→ Seite 116/117).

▶ Möchte Ihr Hund sich auf die Lauer legen, machen Sie es wie im vorherigen Beispiel beschrieben. Gehen Sie in diesem Fall aber schneller und entschlossen, bevor der Vierbeiner beginnt, langsamer zu werden, um in Lauerstellung zu gehen.

▶ Lassen Sie die Leine kurz locker und machen Sie auf dem Absatz kehrt. Gehen Sie so lange in die andere Richtung, bis Ihr Hund auf Sie achtet, und belohnen Sie ihn dafür.

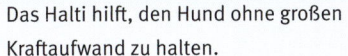

Das Halti hilft, den Hund ohne großen Kraftaufwand zu halten.

Der Hund ist ruhig vorbeigegangen. Sein Ball flog in die entgegengesetzte Richtung. Jetzt darf er ihn holen.

Angeleint können die Hunde nicht artgerecht kommunizieren.

Besonders bei fehlenden Ausweichmöglichkeiten oder wenn der Hund schon in der Leine hängt, hilft das.

▶ Lassen Sie den Hund vom »Gegner« abgewandt bei sich sitzen. Konzentrieren Sie ihn auf sich. Geben Sie die Belohnung, wenn der Artgenosse gerade vorbei ist. Das funktioniert jedoch nicht, wenn der Hund schon im »Krawallmodus« und/oder nicht ansprechbar ist.

▶ Kennt der Hund ein funktionierendes Abbruchsignal? Dann setzen Sie dieses bereits bei den kleinsten Aufregungsanzeichen ein.

▶ Festigen Sie den Gehorsam und überdenken Sie Ihren Umgang. Fehlt es dem Hund an Führung, hilft es nicht, nur bei Leinenaggression souverän zu sein.

▶ Konzentrieren Sie ihn auf einen leckeren Happen oder seinen Ball und gehen Sie zügig mit dem Hund dicht an Ihrer Außenseite am Artgenossen vorbei. Danach bekommt er erst Happen oder Ball.

▶ Bei manchen Vierbeinern hilft es, sie zu bestärken (etwa durch ein konditioniertes Belohnungswort oder den Clicker), wenn sie den Kontrahenten ansehen. Danach schauen sie auf ihren Menschen, um die Belohnung zu bekommen. Doch Vorsicht – diese Methode birgt, vor allem bei nicht völlig exaktem Timing und bei zu großer Aufgeregtheit, ein Risiko. Der Hund wird bestärkt, wenn er sich auf den Artgenossen konzentriert. Das kann das unerwünschte Verhalten noch verstärken.

▶ Auch ein gut getimter Impuls an der Leine (→ Hundegerecht Grenzen setzen, Seite 152/153) ist für manche Vierbeiner der richtige Weg, um ihnen zu sagen, dass man das Verhalten nicht möchte. Das ist nur dann eine Option, wenn man das Problem nicht selbst mit verursacht hat!

▶ Ist Ihr Leinenpöbler sehr kräftig oder fällt Ihnen das richtige Timing schwer, lässt sich der Hund mit einem Kopfhalfter, einem sogenannten Halti, ohne Kraft führen. Gehen Sie aber trotzdem mit genügend Abstand am Artgenossen vorbei.

Achtung: Den richtigen Gebrauch des Haltis sollte man sich von einem Trainer zeigen lassen. Denn nur bei richtigem Einsatz bewirkt es, dass der Hund sich vom Kontrahenten abwenden lässt.

Die Übung »Stopp«

Jetzt wird der Vierbeiner schon aus der Bewegung gestoppt. Auch die Entfernung vergrößern Sie nun. Meist läuft er ja ein Stück voraus, wenn etwa ein Skater kommt und beide womöglich auf Kollisionskurs sind.

Neben dem Gehorsam tut eine exklusive Belohnung ihr Übriges. Sie erhöht die Motivation des Vierbeiners sehr, vor allem dann, wenn er stoppen soll, obwohl er etwas für ihn besonders Reizvolles gesehen hat, beispielsweise ein »verführerisches« Wildkaninchen.

Neben dem schrittweisen Aufbau des Stoppens wirken sich auch die Übungen günstig aus, in denen der Hund lernt, sich zurückzunehmen und selbst bei verlockenden Reizen wie seinem Ball oder Futter gelassen sitzen zu bleiben. Alles in allem bleibt das Stoppen auf Entfernung eine anspruchsvolle Übung.

Gezielt üben: Suchen Sie sich einen ruhigen Weg und lassen Sie den Hund laufen. Er ist nun ein paar Meter von Ihnen entfernt und nicht abgelenkt. Jetzt stoppen Sie ihn, ohne ihn vorher aufmerksam zu machen.

► Sie rufen also »Sitz« oder pfeifen einmal mit der Hundepfeife. Gleichzeitig nehmen Sie wieder Ihren Arm deutlich nach oben und machen einen ebenso deutlichen Schritt nach vorn.

► Hat der Vierbeiner sich herumgedreht und sitzt? Sehr gut! Bringen Sie ihm seine Belohnung und lösen Sie die Übung auf.

► Dreht Ihr Hund sich zwar herum, bleibt aber stehen? Dann wiederholen Sie Pfiff oder Hörzeichen und gehen noch ein, zwei deutliche Schritte auf ihn zu. Nun sollte er sitzen. Warten Sie ein paar Momente und bringen Sie ihm dann seine verdiente Belohnung.

► Kommt er auf Sie zu? Auch dann gehen Sie, wie beschrieben, auf ihn zu, bis er sitzt. Nun bleiben Sie stehen. Warten Sie auch hier kurze Zeit, bis Sie ihm seine Belohnung bringen.

Übung **1** Der Hund läuft ein Stück voraus.

Hinweis: Wenn Ihre Wurfkünste ausreichen, können Sie aber auch jetzt noch hin und wieder Ball oder Happen über Ihren Vierbeiner hinweg werfen und ihn mit dem Auflösungssignal hinterherlaufen lassen. Vor allem, wenn er dazu neigt, in Ihre Richtung zu kommen.

Vor oder seitlich von Ihrem Hund lassen Sie die Belohnung dann landen, wenn er zwar stoppt, aber dazu neigt, sich nicht sofort zu Ihnen zu drehen oder sich leicht von Außenreizen ablenken zu lassen.

► Beim nächsten Schritt geht es darum, den Hund in wenigen Metern Entfernung von Ihnen zu stoppen, wenn er etwas schneller läuft oder beispielsweise am Wegrand schnüffelt.

► Erst wenn er sich in dieser eher kleinen Distanz unter Ablenkung und aus flotterem Tempo stoppen lässt, dehnen Sie den Abstand aus. Ihre Stimme muss dann entsprechend lauter sein (aber nicht hektisch!). Auf der Hundepfeife kann der Pfiff jetzt länger werden.

Übung | 2 | Jetzt kommt das Stopp-Signal, er sitzt.

Übung | 3 | Gefahr für Hund und Mensch gebannt.

Umsetzung im Alltag: Eines Tages kommt der Punkt, wo Sie das Stoppen im »realen« Leben anwenden wollen. Das geschieht am besten zunächst wieder in Ihrer Nähe und in einer ungefährlichen Situation. Der Grund kann ein Spaziergänger sein, aber auch ein Nordic-Walker oder ein langsamer Jogger. Denken Sie dabei aber nicht womöglich darüber nach, was Spaziergänger oder Jogger von Ihnen halten, wenn Sie mit deutlicher Körpersprache den Hund stoppen. Denn dann werden Sie sich automatisch anders verhalten als allein auf weiter Flur. Ihre Stimme klingt etwas anders, Ihr Pfiff vielleicht zaghafter, Ihre Körpersprache ist verhaltener. Das schmälert mit Sicherheit die Erfolgsaussichten.

► Stoppen Sie also, wie gewohnt, den Hund. Gehen Sie dann zu ihm hin und belohnen ihn, wenn die Ablenkung vorbeigegangen ist. Jetzt darf es auch schon einmal einen Belohnungs-Jackpot geben – also eine größere Portion Happen auf einmal oder eine besonders exklusive Belohnung.

► Klappt das eine Zeit lang zuverlässig, stoppen Sie den Hund zwar immer noch mit »ungefährlicher Ablenkung«, aber in zunehmend weiterer Entfernung.

► Sitzt die Übung bis hierher, ist es kein Problem, wenn Sie vielleicht ganz unvorhergesehen eines Tages einen Radfahrer oder Skater kommen sehen. Am besten ist der Hund zunächst wieder nur wenige Meter von Ihnen entfernt. Dann heißt es nicht lange überlegen, sondern Pfiff, »Sitz«, Arm nach oben und, wenn nötig, nach vorn gehen.

Hinweis: Versuchen Sie in solch einer Situation nicht, den Vierbeiner zu stoppen, wenn die vorherigen Schritte nicht zuverlässig funktionieren. Denn etwas, dass sich schnell bewegt, kann ein großer Reiz für den Hund sein, und dieser muss außerdem sehr rasch auf Sie reagieren.

Üben mit anderen Hunden: Für den Anfang ist ein sehr ruhiger Hund als Trainingsgefährte gut geeignet.

► Das Ablenkungsteam stellt sich unbemerkt von Ihrem Hund

Übung 4 Den Trainingspartner fest im Blick.

Übung 5 Rechtzeitig stoppen, Belohnung folgt.

auf einen Weg. Sie gehen aus relativ großem Abstand darauf zu. Je aktiver und schneller Ihr Hund ist, umso größer wählen Sie die Entfernung zur Ablenkung. Günstig ist, wenn er sich vorher schon etwas ausgetobt hat (nicht mit dem anderen Hund!).

► Sie gehen nun in Richtung des anderen Teams. Ihr Hund läuft etwas voraus. Sobald er kleinste Anzeichen zeigt (etwa gespannte Ohren, kurzes Verharren, Blick in Richtung anderer Hund), dass er den anderen gesehen hat, stoppen Sie ihn.

► Nun geht das andere Team mit deutlichem Abstand an Ihrem Hund vorbei.

► Erst danach gehen Sie zum Hund und werfen seinen Ball oder einen größeren Happen in die dem Artgenossen entgegengesetzte Richtung. Auflösungshörzeichen nicht vergessen!

► Ist Ihr Vierbeiner noch nicht so resistent, dass das Team vorbeigehen kann, holen Sie ihn ab, wenn der andere Hund so nahe gekommen ist, dass Ihrer noch sicher sitzen bleibt.

Wenn es nicht klappt: Stoppt Ihr Hund nicht, obwohl er die Übung beherrscht, holen Sie ihn zügig zu sich. Bringen Sie ihn sehr bestimmt an den Punkt zurück, an dem er war, als Ihre »Anweisung« ertönte. Setzen Sie ihn nachdrücklich hin, während Sie Ihren Pfiff oder das »Sitz« sehr bestimmt wiederholen. Es gibt keine Belohnung. Bleiben Sie ein paar Schritte entfernt stehen. Nach ein paar Momenten gehen Sie zu Ihrem Vierbeiner hin und lösen die Übung auf. Kurz darauf wiederholen Sie sie. Jetzt sollte es klappen.

Falls nicht, überprüfen Sie Ihren Aufbau und gehen die nötigen Schritte zurück. Ist Ihr Hund grundsätzlich ein sehr unabhängiger, vielleicht auch eigensinniger oder schwer zu motivierender Vierbeiner? Dann müssen Sie eine Belohnung finden, die er wirklich unter allen Umständen möchte. Es kann aber trotzdem sein, dass die Übung dann nur dicht in Ihrer Nähe funktioniert. Achtet der Hund wenig auf Sie? Lesen Sie dazu Seite 126/127.

Tabus setzen:
Sie bestimmen ...

Kennen Sie das? Sie holen das Lieblingsspielzeug Ihres Hundes aus dem Schrank, und er springt sofort wie ein Wilder danach. Das kann unangenehm werden, vor allem bei größeren Hunden. Aber nicht nur das wäre ein Grund, hier etwas zu ändern. Ihrem Vierbeiner zu zeigen, dass das Spielzeug Ihnen gehört und es tabu für ihn ist, solange Sie ihm nicht erlauben, es zu nehmen, unterstreicht Ihre Souveränität. Hier zwei Beispiele dafür, wie Sie dem Hund mithilfe Ihrer Körpersprache Grenzen setzen können.

»Dein Spielzeug gehört mir!«

Die Kunst abzuwarten, bis Sie das Spielzeug für Ihren Hund freigeben, üben Sie folgendermaßen:

▶ Nehmen Sie das Spielzeug ruhig und kommentarlos aus der Tasche. Machen Sie den Hund nicht extra aufmerksam oder »heiß« darauf.

▶ Möchte er es jetzt unbedingt haben, blocken Sie ihn mit Ihrem Körper. Stellen Sie sich dazu aufrecht vor ihn, den Arm mit dem Spielzeug nehmen Sie nur leicht zurück an Ihre Seite. Der Vierbeiner soll das Spielzeug durchaus noch sehen können.

▶ Ihre Körpersprache unterstreicht ein »Sssst«, ein »Gscht« oder knurriges Räuspern. Wenn nötig, bewegen Sie sich auf Ihren Hund zu. Das lässt ihn zurückweichen.

▶ Ihr Blick ist auf den Hund gerichtet und ernst. Einen besonders ungestümen Vierbeiner schieben oder schubsen Sie ein Stück weg. Richten Sie die Intensität Ihres Auftretens danach, wie leicht oder schwer Ihr Hund zu beeindrucken ist.

▶ Bleiben Sie dran, bis der Hund nicht mehr versucht, das Spielzeug zu ergattern. Wartet er ab, was nun kommt, ohne eingeschüchtert zu wirken oder Sie gar zu meiden, war Ihr Verhalten richtig.

▶ Nun wird Ihre Körpersprache wieder gelassen. Nach einigen Momenten fordern Sie ihn fröhlich zum gemeinsamen Spiel auf.

▶ Haben Sie eine Zeit lang mit ihm gespielt, heißt es wieder: Spielzeug in Ruhe lassen. Wiederholen Sie das ein, zwei Mal.

Wichtig: Es kommt darauf an, dass Sie jeweils deutlich und gut getimt umschalten können.

Das »Gscht« oder was Sie zur Körpersprache kombinieren, wird übrigens automatisch zu einem Abbruchsignal, das auch in anderen Situationen wirken kann.

»Bleib im Zimmer!«

Ihr Vierbeiner soll nicht mit Ihnen das Zimmer verlassen, weil Sie beispielsweise allein zur Haustür gehen möchten, um sie zu öffnen? Mit der richtigen Körpersprache ist das Problem schnell gelöst. Gehen Sie dabei so vor:

▶ In dem Moment, in dem der Hund versucht, Ihnen aus dem Zimmer zu folgen, blocken Sie ihn mit Ihrem Körper – wie links beschrieben – ab.

▶ Weicht er zurück, gehen Sie aus dem Zimmer. Möchte er wieder mit, kommt die Blockade, eventuell deutlicher. Jetzt sollte er bei offener Tür im Zimmer bleiben.

▶ Darf er nachher wieder aus dem Zimmer, signalisiert ihm das Ihre entspannte, einladende Körpersprache und der entsprechende Tonfall.

Übung 1 Zuerst ist Spielzeug die Ablenkung.

Übung 2 Dann sind es Familienmitglieder.

Die Übung »Platz«

Wie beim Sitzen kommt es auch im Platz darauf an, den Vierbeiner gegen immer stärkere Reize zu desensibilisieren, damit er später in vielen alltäglichen Situationen tatsächlich stressfrei liegen bleibt.

Gezielt üben: Wenn der Hund die Übung »Sitz« gelassen meistert, ist er »reif« für die Übung »Platz«.

▶ Legen Sie den Hund neben sich ins Platz. Werfen Sie seinen Lieblingsball hoch und fangen ihn wieder. Sie können den Reiz auch variieren. Haben Sie für das Sitzen beispielsweise einen Ball genommen, dann verwenden Sie jetzt etwas anderes, worauf Ihr Hund abfährt, etwa ein getrocknetes Schweineohr oder aber auch ein Würstchen.

▶ Werfen Sie das Objekt auch mal von einer Hand in die andere. Je höher, desto schwerer. Damit Sie es fangen können, werden Sie sich manchmal auch etwas ruckartig bewegen. Das fordert die Ruhe des Vierbeiners noch mehr.

Umsetzung im Alltag Ein entspanntes Platz in turbulenten Situationen kann man im Alltag immer brauchen. Sie sind beispielsweise zu Besuch, wo auch jüngere Kinder toben. Der Hund muss da nicht unbedingt dauernd mitmischen, vielleicht haben die Kinder auch ein wenig Angst. Dann legen Sie ihn einfach bei sich ab. Der Hund muss dann aber auch an dieser Stelle liegen bleiben. Wichtig ist, dass die Kinder und auch jeder andere den Vierbeiner in Ruhe lassen.

Eine weitere Alltagssituation: Sie treffen unterwegs zufällig jemanden und halten ein längeres Pläuschchen. Kein Problem für Ihren gut erzogenen und Schritt für Schritt ausgebildeten Vierbeiner! Legen Sie ihn an Ihrer Seite ins Platz. Personen, Tiere oder andere – sich schneller bewegende Objekte wie etwa ein fliegender Ball lassen ihn jetzt kalt.

Üben mit anderen Hunden: Sind Artgenossen an sich für sehr viele Hunde schon ein starker Reiz, ist es einer in »voller Fahrt« erst recht. Genau das üben Sie nun. Legen Sie Ihren Hund an Ihrer Seite ins Platz. Der zweite Vierbeiner sitzt einige Meter von seinem Besitzer entfernt auf einer gedachten vertikalen Linie vor Ihnen und Ihrem Hund.

Liegt Ihr Hund entspannt und sitzt der andere ruhig, wird Letzterer abgerufen. Er läuft jetzt direkt vor Ihrem Vierbeiner und an ihm vorbei zu seinem Menschen. Da es Ihren Hund hier leicht »mitreißen« kann, sollte der Abstand zum vorbeilaufenden Hund zuerst so groß sein, dass Ihr Hund liegen bleibt. Erst wenn er entspannt liegen bleibt, rücken der Artgenosse und sein Mensch näher an Sie und Ihren Hund heran.

Wenn es nicht klappt: Klappt die Übung mit Ball im Sitzen vielleicht noch nicht zuverlässig? Dann festigen Sie diese zuerst.

Werfen Sie die Ablenkung schon zu actionreich? Bringen Sie mehr Ruhe in die Übung und steigern Sie die Anforderungen langsamer. Reagiert Ihr Vierbeiner unterwegs noch auf Radfahrer oder Ähnliches, halten Sie Ihr Pläuschchen zunächst in größerem Abstand zu den Ablenkungen.

Das Gleiche gilt, wenn die Übung mit dem zweiten Hund die Gelassenheit Ihres Hundes noch überfordert. Auch das Tempo des gerufenen Hundes wirkt sich aus. Ein Hund im gemütlichen Trab ist leichter auszuhalten als einer mit Höchstgeschwindigkeit. Zusätzlich macht es einen Unterschied, ob der Ablenkungshund eher ruhig oder recht enthusiastisch gerufen wird.

Hinweis: Erleichtern Sie sich und Ihrem Hund zu Beginn das Training, indem Sie vorher für entsprechende Bewegung sorgen. So ist zumindest eine eventuell überschüssige Energie als Fehlerquelle ausgeschaltet.

Übung **3** Entspanntes Platz auch unterwegs.

Übung **4** Und trotz laufendem Artgenossen.

Übung **1** | Mit dem Hund in Richtung Spielzeug.

Übung **2** | Falls er drängelt, nach links umkehren.

Die Übung »Bei Fuß«

Nehmen Sie sich für diese Übung viel Zeit. Lassen Sie sich nicht von einer eventuellen Ungeduld des Vierbeiners anstecken, sondern bleiben Sie bewusst ruhig und cool. Achten Sie auf das Timing beim rechtzeitigen Abwenden.

Gezielt üben: Als »Versuchung« eignet sich das Lieblingsspielzeug oder etwas Futter im Napf.

► Platzieren Sie Spielzeug oder Futter einige Meter von sich und dem Hund entfernt, aber vom Startpunkt aus gut sichtbar auf dem Boden.

► Lassen Sie den angeleinten Hund an Ihrer Seite (angenommen links) sitzen. Warten Sie, bis er wirklich ruhig sitzt.

► Jetzt drehen Sie sich an Ort und Stelle um 90 Grad nach links. Gehen Sie keinen Bogen.

► Lässt der Hund sich problemlos von der »Versuchung« wegdrehen und bleibt bei Fuß? Dann drehen Sie sich jetzt wieder zurück in Richtung »Versuchung«, stoppen kurz und machen dann eine weitere Vierteldrehung nach rechts.

► Klappen die Drehungen, gehen Sie bei Fuß in langsamem Tempo auf das Spielzeug oder Futter zu.

► Sobald Sie bemerken, dass der Vierbeiner schneller werden möchte, drängen Sie ihn nach links ab und kehren um.

► Erst wenn Ihr Hund wieder an lockerer Leine korrekt bei Fuß läuft, kehren Sie erneut um und gehen weiter auf das Spielzeug/Futter zu.

► Sie werden merken, dass Sie immer weiter auf die Verführung zugehen können, bevor der Hund ungeduldig wird und Sie umkehren müssen. Sobald Sie ganz nah herangehen können, stoppen Sie davor und lassen den Vierbeiner sitzen.

► Nur wenn er ganz ruhig sitzt und seine Aufmerksamkeit auf Sie richtet, darf er sein Spielzeug aufnehmen oder die Happen aus dem Napf fressen. Tipp: Lässt er sich auch ganz dicht davor wegdrehen? Super!

Übung **3** Gelassen an fremder Brotzeit vorbei ...

Übung **4** ... und am zerrenden Artgenossen.

Umsetzung im Alltag: Auf Ausflügen wird man schon mal mit Zweibeinern konfrontiert, die auf einer Bank oder Picknickdecke Brotzeit machen. Da heißt es, den Vierbeiner von den leckeren Happen fernzuhalten!

Bei Begegnungen dieser Art nehmen Sie ihn rechtzeitig bei Fuß. Je niedriger sein Ausbildungsstand, desto früher, damit er sich noch gut auf Sie konzentrieren kann, bevor er auf gleicher Höhe mit der »Verlockung« ist. Halten Sie genügend Abstand, denn der Hund soll nicht durch die straffe Leine bei Ihnen, sondern von sich aus bei Fuß bleiben. Macht er das, bekommt er, kurz nachdem Sie vorbei sind und noch während er bei Fuß läuft, eine Belohnung. Anfangs häufig, später nur ab und zu.

Auch Begegnungen mit angeleinten Artgenossen können zur Herausforderung werden. Angenommen, es kommt jemand auf Sie zu, dessen angeleinter Hund Ihren schon an strammer Leine fixiert. Nehmen Sie Ihren Vierbeiner bei Fuß. Konzentrieren Sie ihn auf sich und gehen Sie zügig und mit reichlich Abstand vorbei. Am besten so, dass Sie zwischen Ihrem und dem anderen Hund gehen. Hier experimentieren Sie besser nicht mit geringeren Abständen, weil Sie das Verhalten des anderen Hundes und seines Halters nicht beeinflussen können.

Wenn es nicht klappt: Fällt Ihrem Hund schon die Linksdrehung schwer? Vergrößern Sie die Distanz zum Spielzeug/Futter so weit, dass Ihr Hund sich beruhigt. Verringern Sie die Entfernung dann nach und nach wieder. Beginnen Sie mit dem Fuß-Gehen erst, wenn der Hund sich auch in geringerem, aber nicht zu kleinem Abstand problemlos wegdrehen lässt.

Klappt es im Alltag nicht? Dann sind Sie vielleicht nicht so auf den Hund konzentriert wie beim gezielten Üben. Oder nehmen Sie ihn zu spät bei Fuß? Dann konzentriert er sich schon zu sehr auf die Ablenkung. Gehen Sie zu nah daran vorbei? Vorübergehend oder wenn mehr Abstand nicht möglich ist, lenken Sie seine Aufmerksamkeit auf einen Happen, den Sie so halten, dass der Vierbeiner in der richtigen Position bei Fuß läuft.

Übung **1** Spielzeug ist hinter Ihnen.

Übung **2** Nun landet es neben Ihnen.

Übung **3** Fehlstart – Sie sind schne

Die Übung »Bleiben im Platz«

Ziel dieser Übung ist, dass der Hund auch dann widerstandsfähig gegen starke Ablenkungen ist, wenn Sie nicht direkt neben ihm stehen. Bei dieser Übung kommt es auf den schrittweisen Aufbau an und darauf, die Übung stets so zu gestalten, dass der Hund nicht ungewollt zum Erfolg kommt. Auch hier ist es zunächst einfacher, wenn der Vierbeiner nicht vor Energie platzt. Anspruchsvoll wird das Training, wenn er voller Tatendrang ist.

Gezielt üben: Wieder kommt das Lieblingsspielzeug oder eine Kaustange zum Einsatz. Wichtig ist, dass der Hund das Objekt unbedingt haben möchte.

▶ Legen Sie den Vierbeiner neben sich ins Platz. Spielzeug oder Kaustange haben Sie in der Hand. Machen Sie ihn aber nicht noch extra »heiß« darauf.

▶ Nun stellen Sie sich dem Hund in etwa zwei bis drei Metern Entfernung gegenüber. Liegt er gelassen im Platz, geht es los.

▶ Werfen Sie Spielzeug oder Kaustange einen halben bis einen Meter schräg hinter sich. So sind Sie auf jeden Fall rechtzeitig am Gegenstand und können ihn aufheben, falls der Vierbeiner lospurtet.

▶ Kann ihn diese Variante nicht mehr aus der Ruhe bringen, werfen Sie den Gegenstand ein Stück neben sich. So liegt er schon näher am Hund, aber Sie sind im Zweifelsfall immer noch schneller dort als er.

▶ Lassen Sie den Gegenstand einige Momente liegen, dann heben Sie ihn auf und werfen ihn noch ein, zwei Mal.

▶ Anschließend kehren Sie zu Ihrem Vierbeiner zurück und beenden die Übung.

Umsetzung im Alltag: Es klingelt, und Sie möchten nicht, dass der Vierbeiner den Besuch überschwänglich begrüßt oder verbellt? Dann legen Sie den Hund ein Stück vom Eingang entfernt ab. Anschließend öffnen Sie die Tür. Tun Sie beides mit viel Ruhe, sowohl in der Stimme als auch in der Körpersprache. Legen Sie ihn zunächst aber nur dann ab, wenn Sie wissen, dass der Besuch kein zu hoher Reiz für den Vierbeiner ist. Mehrere fröhliche Kinder sind eine stärkere Ablenkung als eine ruhige Einzelperson.

Besuch, der in die Wohnung kommt, verleitet den Hund eher zum Aufstehen als jemand, mit dem man sich an der offenen Tür unterhält und der dann wieder geht. Steigern Sie die Anforderungen langsam. Ist Besuch hereingekommen und/oder die Tür wieder zu, gehen Sie zum Hund und beenden das Ablegen.

Üben mit anderen Hunden: Übungsvorschläge für zwei Teams:

► Legen Sie die Hunde nebeneinander ab. Nun stellen Sie sich beide vor die Vierbeiner und werfen parallel zu diesen wiederholt ein Spielzeug hin und her. Vorsicht – je dichter Sie dabei vor den Hunden stehen, desto schneller wären diese bei einem Fehlstart am Spielzeug!

► Beide Teams stellen sich leicht seitlich versetzt gegenüber. Ein Hund wird ins Platz gelegt, einer sitzt. Jeder Besitzer geht nun nach vorne weg bis auf Höhe des anderen Vierbeiners. Der sitzende Hund wird jetzt gerufen. Der andere bleibt liegen. Je weniger Abstand zwischen den Teams und je schneller der gerufene Hund ist, umso reizintensiver ist die Übung.

Wenn es nicht klappt: Sind Sie angespannt und hektisch? Bleiben Sie cool. Bleibt Ihr Hund ohne Ball/Futter noch nicht wirklich gelassen liegen, wenn Sie sich von ihm entfernen? Festigen Sie das zuerst. Vergessen Sie mehr oder weniger oft, eine Übung durch eine andere oder durch Ihr Auflösungssignal zu beenden? Dann braucht es nicht viel, damit der Hund aufsteht, wenn etwas Interessantes los ist.

Übung 4 Unaufgeregtes Ablegen in der Diele.

Übung 5 Bleiben im Platz mit Gegenverkehr.

Übung **1** Legen Sie den Hund ins Platz.

Übung **2** Ihre Freundin kommt und begrüßt Sie.

Die Übung »Bleiben außer Sicht«

Bei dieser Übungsstufe soll der Hund weiter gestärkt werden, selbst bei hoher Ablenkung gelassen zu warten. Gehen Sie auch hier langsam vor und dem Typ Ihres Hundes entsprechend, damit er sich schrittweise daran gewöhnen kann. Dehnen Sie zuerst die Zeit aus, dann die Entfernung zum Hund.

Gezielt üben: Zu Hause klappt die Übung ja schon. Nun nutzen Sie Ihren Besuch bei Freunden oder Verwandten zum Training.

► Legen Sie den Hund im Garten in der Nähe der Terrasse/ Haustür neben sich ins Platz.

► Jetzt kommt eine Person zu Ihnen und begrüßt Sie mit Handschlag. Sagen Sie jetzt »Bleib« zu Ihrem Vierbeiner, gehen Sie mit der Person ins Haus und schließen Sie die Tür.

► Postieren Sie sich im Haus so, dass Sie den Hund auf alle Fälle sehen können, er Sie aber nicht. So können Sie gleich reagieren, falls er aufstehen würde.

► Bleiben Sie eine Zeit lang im Haus, mindestens zwei, drei Minuten. Dann kehren Sie in aller Ruhe zum Hund zurück.

► Stellen Sie sich neben ihn, warten Sie etwas, dann lassen Sie ihn sitzen und beenden die Übung.

Umsetzung im Alltag: Legen Sie den Hund unterwegs ein Stück vom Wegrand entfernt ab und gehen Sie hinter ein Gebüsch oder Ähnliches auf derselben Wegseite. Letzteres deshalb, damit der Hund, falls er Ihnen folgen würde, nicht den Weg kreuzt. Je einsamer der Weg, desto einfacher, je frequentierter, desto schwieriger. Schätzen Sie selbst ab, was Sie Ihrem Vierbeiner schon abverlangen können und was nicht. Bleiben Sie eine Zeit lang in Ihrem »Versteck«.

Ein praktisches Alltags-Beispiel: Sie sind mit schmutzigem Hund auf dem Rückweg vom Spaziergang und wollen kurz einer Nachbarin etwas sagen. Sie legen den Hund auf dem Grundstück ab und klingeln. Die Nachbarin öffnet die Tür und Sie gehen hinein. Nach mehreren Minuten kehren Sie zum

Übung | 3 | Sie gehen beide außer Sicht ins Haus.

Übung | 4 | Der schmutzige Vierbeiner wartet entspannt.

Hund zurück. Wie praktisch, dass dieser währenddessen ganz entspannt auf Sie gewartet hat.

Üben mit anderen Hunden: Legen Sie Ihren Vierbeiner ab und gehen Sie in nicht zu großer Entfernung außer Sicht. Der andere Hundebesitzer geht mit seinem Hund bei Fuß eine Zeit lang in der Nähe von Ihrem hin und her. Klappt das, führt der zweite Besitzer beim nächsten Mal seinen Hund nicht bei Fuß, sondern spielt mit ihm so, dass sein Hund nahe bei ihm bleibt, etwa ein Ziehspiel. Für beide Varianten gilt: Je näher das zweite Team an Ihrem Hund ist, desto schwerer ist die Übung.

Wenn es nicht klappt: Haben Sie sich zu lange oder zu weit entfernt? Steht der Hund auf, während Sie zu ihm zurückgehen? Dann sprechen Sie ihn unterwegs vielleicht schon an. Das sollten Sie nicht tun. Gehen Sie ohne Blickkontakt zu ihm zurück. Macht er Anstalten aufzustehen, sagen Sie ruhig, aber bestimmt »Platz«. Ist die Ablenkung zu nahe oder zu »aktiv«? Gehen Sie eine Übungsstufe zurück und festigen Sie diese.

Übung | 5 | Trotz Artgenossen außer Sicht warten.

Übung **1** »Hier«, und Sie werfen das Spielzeug.

Übung **2** Engagiert sein – er darf nicht vorbei.

Die Übung »Kommen auf Ruf«

Besonders bei hoher Ablenkung ist es wichtig, dass Sie Ihren Hund entsprechend motiviert rufen oder entschlossen pfeifen. Und reagieren Sie schnell, falls der Vierbeiner unterwegs den leisesten Eindruck erwecken sollte, nicht auf direktem Weg zu kommen. Wiederholen Sie dann Ihr Hörzeichen deutlich und bewegen Sie sich vom Hund weg. Möchte er an Ihnen vorbei, blockieren Sie seinen Weg mit einem energischen Schritt dorthin, ausgebreiteten Armen und aufrechter Körperhaltung.

Gezielt üben: Eine Ablenkung kann nicht nur aus der Richtung auftauchen, in die Sie gehen, sondern auch hinter Ihnen. Zum Üben brauchen Sie wieder einen Ball oder Kauknochen.

▶ Lassen Sie den Hund an Ihrer Seite sitzen, sagen Sie »Bleib« und entfernen Sie sich einige Meter von ihm.

▶ Nun werfen Sie den Gegenstand hinter sich. Danach rufen Sie den Hund und lassen ihn vor sich sitzen.

▶ Jetzt bekommt er seine Belohnung und Sie leinen ihn an.

▶ Dann nehmen Sie ihn mit »Fuß« wieder an Ihre Seite.

Hinweis: Macht der Hund diese Übung mit links, gestalten Sie das Werfen kniffliger. Nun fliegt das Teil in dem Moment hinter Sie, in dem Ihr Hund auf Ihr »Hier« oder den Pfiff hin lossprintet. Wenn das Objekt fliegt, während der Hund in derselben Richtung unterwegs ist, ist der Reiz, es zu »jagen«, sehr hoch.

Umsetzung im Alltag: Der Vierbeiner ist im Garten, die Kinder spielen in seiner Nähe mit dem Ball. Neigt Ihr Hund dazu, den Ball zu stibitzen? Dann nutzen Sie die Situation doch gleich und rufen Sie ihn zu sich – deutlich und in engagiertem, entschlossenem Tonfall. Wenn nötig, laufen Sie noch ein Stück von ihm und eventuell in schräger Linie von den Kindern weg. Bei Ihnen angekommen, hat der Vierbeiner sich jetzt gleich mehrere leckere Happen auf einmal verdient!

Üben mit anderen Hunden: Jetzt brauchen Sie am besten zwei Trainingsteams. Gehen Sie mit den Hunden bei Fuß durchei-

Übung **3** »Hier« an Kindern mit Ball vorbei.

Übung **4** Einer entfernt sich vom Hund.

nander herum. Dann sagt einer »Stopp«, und jeder bleibt an der Stelle, wo er gerade ist, stehen. Schauen Sie nun, welcher Hund den »spannendsten« Weg hätte, wenn sein Besitzer weggehen und ihn rufen würde. Müsste dieser Vierbeiner dann zwischen den beiden anderen hindurchlaufen oder nahe an beiden nacheinander vorbei? Wer entsprechend »günstig« steht, lässt seinen Hund sitzen und entfernt sich einige Meter. Nach ein paar Momenten des Wartens wird der Vierbeiner gerufen. Tauschen Sie die Rollen!

Wenn es nicht klappt: Läuft der Vierbeiner an Ihnen vorbei zum Ball? Engagieren Sie einen Helfer, der diesen aufhebt. Haben Sie den Hund nach dem Ankommen nicht angeleint? Kommt er nicht auf direktem Weg, überlegen Sie, ob Sie beim Rufen zu passiv, zu zögerlich und/oder zu wenig überzeugend sind. Ist die Ablenkung für Ihren Hund noch zu nah oder zu stark? Dann üben Sie zuerst mit schwächeren Ablenkungen, etwa ruhigeren Hunden, oder halten Sie größeren Abstand.

Übung **5** »Hier« dicht an den anderen vorbei.

Was tun, wenn es Probleme gibt?

Nicht immer läuft es zwischen Zwei- und Vierbeiner rund. Kommt der Hund auf Ruf nicht oder bleibt nicht allein, trübt dies das Zusammenleben.

Wenn der Hund nicht hört

Sie rufen, und der Hund stellt die Ohren wieder mal auf Durchzug? Dass er einmal nicht prompt reagiert, ist normal und hat wohl jeder schon erlebt, denn der Vierbeiner ist keine Maschine. Häuft sich das allerdings oder ignoriert er Ihren Ruf gänzlich, gibt es Handlungsbedarf. Dann heißt es, Ursachenforschung zu betreiben und den Umgang mit dem Hund entsprechend zu verändern.

► Wurde der Vierbeiner systematisch und schrittweise auf ein bestimmtes Hörzeichen/einen bestimmten Pfiff konditioniert, oder haben Sie Hörzeichen/Pfiff eher beiläufig auf den Spaziergängen verwendet, sodass der Hund manchmal kam und manchmal nicht? Dann kann das zuverlässige Kommen nicht funktionieren. Erst recht nicht bei einem nicht mehr ganz jungen Hund, der sich stets mehr für seine Umgebung interessiert und auch weiter Entferntes mühelos wahrnimmt. Hier hilft nichts,

als in Verbindung mit einer exklusiven Superbelohnung ein neues Hörzeichen einzuüben (→ Seite 14/15).

► Häufig wurde überhaupt kein eindeutiges Hörzeichen trainiert. Mal heißt es »Komm jetzt her«, mal »Hierher« oder Ähnliches. Auch dann hat der Hund keine Chance zu erkennen, was er denn tun soll. Also zurück auf Start und ein festes Signal konditionieren.

► Haben Sie zwar ein festes Signal, sind aber nach und nach »schlampig« geworden, das heißt, der Hund muss nicht immer ganz zu Ihnen kommen, wenn Sie ihn rufen? Auch dann wird das Kommen eine sehr wackelige Angelegenheit. Festigen Sie den gesamten Ablauf wieder und bleiben Sie genau.

► Wie genau nehmen Sie es insgesamt im Umgang mit Ihrem Vierbeiner? Vergessen Sie das Beenden von Übungen, sind Sie wenig konsequent, wenn der Hund nicht das macht, was Sie sagen? Reicht es, wenn er ungefähr das tut, was Sie möchten? Richten Sie sich prinzipiell überwiegend nach ihm anstatt er sich nach Ihnen? So kann auch das Kommen nicht funktionieren.

► Wird der Hund für das Kommen überhaupt nicht mehr belohnt, dann fehlt ihm der Anreiz, besonders wenn die Alternative für den Hund sehr reizvoll ist.

► Erwartet den Vierbeiner eine Schimpftirade und/oder Ihre bedrohliche Körpersprache, wenn er verspätet kommt? Beides verbindet er mit dem Ankommen bei Ihnen, nicht mit der Verspätung. Folglich wird er es sich genau überlegen, ob er überhaupt kommt. Im Zweifel also neutral bleiben. Belohnen Sie Ihren Hund für promptes Kommen verstärkt und unterbrechen Sie gegebenenfalls das, was der Hund tut, statt zu kommen (→ Hundegerecht Grenzen setzen, Seite 152/153).

► Wiederholen Sie Ihr Hörzeichen immer wieder und warten, bis der Vierbeiner sich endlich bequemt zu kommen? »Verdünnisieren« Sie sich besser gleich, wenn Sie gerufen haben. Dann merkt er, dass Sie es ernst meinen und nicht auf ihn warten. Lesen Sie dazu auch »Anschluss halten« auf Seite 126/127.

▶ Laufen Sie Ihrem Hund hinterher, wenn Sie ihn rufen? Dann muss er nicht kommen, sondern sieht es als Spiel oder denkt, die Richtung stimmt, weil Sie ja in dieselbe laufen. Aber es kann auch sein, dass er vor Ihnen flüchtet, falls er Sie auch noch schimpfen hört. Laufen Sie auch hier besser in die entgegengesetzte Richtung davon.

Wenn er nicht allein bleibt

Bleibt der Vierbeiner nicht stundenweise allein, erschwert das den Alltag. Denn er kann nicht überallhin mitkommen. Hier finden Sie einige Punkte, die das Alleinbleiben erleichtern können. Bleiben Sie stets gelassen und behalten Sie den Hund wenn nötig nur unauffällig im Auge. Powern Sie ihn vor dem Alleinbleiben richtig aus. Müde machen Toben mit einem Artgenossen, Laufen am Fahrrad, Joggen, Schwimmen oder Ähnliches.

▶ Beschäftigen Sie sich nicht intensiv mit ihm, bevor Sie ihn allein zu Hause lassen.

▶ Auch wenn es Ihnen schwerfällt, ihn allein zu lassen – machen Sie keine Abschiedsszene daraus und auch keine »Begrüßungsparty« bei Ihrer Rückkehr. Beides erschwert es dem Hund, entspannt allein zu bleiben.

▶ Sind beispielsweise Sommerferien und ist dementsprechend zu Hause immer was los, kann die Umstellung auf den Berufsalltag der Familie ein Problem sein. Schon spätestens in der letzten Ferienwoche sollte der Hund daher zu den Zeiten, an denen er nach den Ferien wieder allein bleiben muss, nicht mehr »bespaßt« werden.

▶ Bleibt der Hund im Auto in einer Box problemlos allein,

kann das auch mit einer Box im Haus klappen. Legen Sie am besten noch die Decke aus dem Auto hinein.

▶ Auch ein Wort kann helfen. Sagen Sie immer zum Beispiel »Warten«, wenn der Hund problemlos allein im Auto wartet und Sie aussteigen. So verknüpft er »Warten« damit, dass Sie weg sind. Haben Sie das viele Male gemacht, sagen Sie »Warten«, wenn Sie die Wohnung verlassen. Tun Sie das genauso emotionslos und selbstverständlich wie das Aussteigen aus dem Auto.

▶ Klebt der Hund innerhalb der Wohnung dauernd an Ihnen? Dann »entwöhnen« Sie ihn zunächst. Schließen Sie vor ihm die Tür, wenn Sie etwa ins Bad gehen. Falls er jammert, kommen Sie nur dann heraus, wenn er ruhig ist. Oder bringen Sie ihn auf seinen Platz zum Entspannen (→ Seite 20/21) oder in seine Box. Sobald er gelassen bleibt, wenn Sie in Sichtweite umhergehen, wandern Sie von einem Zimmer ins andere, dann auch zur Wohnungstür hinaus. Steigern Sie die Zeit langsam.

▶ Hilft all das nicht? Achten Sie darauf, wann der Hund anfängt, sich aufzuregen. Wenn Sie die Türklinke in die Hand nehmen oder schon, wenn Sie Ihre Jacke vom Haken oder den Schlüssel in die Hand nehmen? Dann desensibilisieren Sie ihn Schritt für Schritt.

Nehmen Sie den Schlüssel und setzen Sie sich auf einen Stuhl. Beachten Sie den Hund nicht. Warten Sie, bis er sich entspannt, dann legen Sie den Schlüssel wieder zurück. Regt er sich nach einigem Training nicht mehr auf, gehen Sie mit dem Schlüssel umher, von einem Zimmer ins andere, auch mal zur Tür hinaus. Dann kommt die Jacke dazu usw. Während der Desensiblierung (das kann dauern) sollte der Hund nicht allein gelassen werden, weil er sonst immer wieder in das Problemverhalten verfällt. Holen Sie sich im Zweifelsfall einen Trainer ins Haus, der sich die genaue Situation vor Ort ansehen kann.

Trainings-programm für
Stufe 5

Sie und Ihr Vierbeiner haben fleißig trainiert und kommen deshalb bei einigen Übungen in diesem Kapitel schon ans Ziel. Gratulation! Im Alltag ist Ihr Hund nun ein zuverlässiger Begleiter, und größere Probleme im Zusammenleben sind selten. Auch wenn aufgrund unterschiedlichster Hundepersönlichkeiten nicht alles immer ganz easy ist und perfekt wird – üben Sie beständig weiter. Am Anfang dieses Kapitels werden Sie außerdem an eine wichtige vermeintliche Kleinigkeit erinnert. Es ist ganz hilfreich, sich solche »Fallen« zwischendurch immer mal wieder bewusst zu machen.

Mach mal Pause!

Zum Gelingen einer Übung tragen, wie Sie wissen, verschiedenste Faktoren bei. Zum Beispiel ein eindeutiges Hör- oder Sichtzeichen, schrittweiser Aufbau, der richtige Tonfall wie auch die passende Körpersprache.

Pausen zwischen den Hörzeichen

Eine vermeintliche Kleinigkeit ist jedoch noch wichtig. Und zwar Pausen zwischen zwei Hörzeichen oder wenn der Hund gerade sein Belohnungshäppchen frisst. Dazu drei Beispiele:

► Sie möchten das Bleiben üben. Sie holen den Hund an Ihre Seite, sagen »Sitz« und noch während er sich setzt »Bleib« und entfernen sich von ihm. Jetzt kann es passieren, dass der Hund einfach mitläuft, weil beide Hörzeichen zu knapp nacheinander und während des Weggehens kamen. Wenn Sie aber nach dem »Sitz« so lange bei ihm bleiben, bis er damit fertig und wieder aufnahmebereit ist, wird er mit Ihrem »Bleib« problemlos sitzen bleiben, wenn Sie weggehen.

► Sie belohnen den Hund mit einem Happen für ein längeres Sitzen unter starker Ablenkung und möchten das nun im Platz üben. Noch während der Vierbeiner am Kauen ist, kommt Ihr »Platz«. Der Hund macht es nicht. Aber nicht aus Ungehorsam, sondern weil er sich während des Kauens nur schwer auf etwas anderes konzentrieren kann. Warten Sie also, bis die Belohnung geschluckt ist, bevor Sie weiterüben.

► Sie üben das Fuß-Gehen über ein Hindernis und möchten ihn während des Gehens belohnen. Sie geben ihm den Happen. Er kaut, Sie gehen weiter, und der Hund driftet konzentrationsmäßig ab. Bleiben Sie also besser stehen, warten Sie, bis der Vierbeiner geschluckt hat, und starten Sie erneut. Dann kann sich Ihr Hund wieder voll und ganz auf Sie und die Übung konzentrieren.

Am besten verwenden Sie immer weiche, kleine Häppchen. Zu langes Warten und zu spätes Eingreifen ist jedoch genauso wenig gut. Auch dazu ein Beispiel:

► Sie rufen den Vierbeiner von einer für ihn sehr reizvollen Ablenkung – etwa einer Katze – zu sich und merken schon, dass ihm das nicht leichtfällt. Er ist bei Ihnen angekommen und schaut sich um, wo die Katze ist. Wenn Sie nun warten, was er jetzt macht und ob er sich automatisch setzt, anstatt sofort »Sitz« zu sagen und ihn anzuleinen, ist das Risiko, dass er noch mal durchstartet, groß. Noch dazu hätte er dann ein ungewolltes Erfolgserlebnis. Das spart man sich relativ einfach durch ein rechtzeitiges eindeutiges Hörzeichen zur Erinnerung. Durch rechtzeitiges Anleinen ist man ebenfalls häufig auf der sicheren Seite. Vor allem dann, wenn der Hund in bestimmten Situationen noch nicht die nötige Routine hat.

Beschäftigung und Ruhephasen

Hunde brauchen ausreichend Bewegung und mentale Beschäftigung. Doch zu viel Beschäftigung sind ebenso ungünstig wie zu wenig. Mindestens einmal am Tag aber sollte sich jeder Vierbeiner richtig auspowern können. Ob das dann eine Stunde gemächlicher Spaziergang oder 10 km Joggen mit Herrchen ist, hängt von der Rasse, dem Alter und der individuellen Fitness des Vierbeiners ab. Ist der Hund danach zufrieden und ausgeglichen, war es das richtige Pensum.

Art und Umfang der Beschäftigung sind ebenfalls eine Sache des Hundetyps, des Alters und oft auch der Rasse. Es gibt »Workaholics« und Müßiggänger, natürlich auch einiges dazwischen. Aber kein Hund braucht dauernde Bespaßung. Gerade bei einem »arbeitswütigen« Vierbeiner muss man darauf achten, ihn nicht dauernd zu beschäftigen, selbst wenn er das möchte und womöglich fordert. Sonst wird er übermotiviert und findet keine Ruhe. Einem solchen Hund muss

Konzentrierte Nasenarbeit macht Spaß und ist anstrengend. Deshalb ist der Vierbeiner danach zufrieden und ausgelastet.

Brav wartet der Hund, während sein Mensch sein Spielzeug auslegt. Nur wenn er ruhig wartet, darf er es nachher holen.

man häufig auch mal Ruhe in der Box oder durch Anbinden verschaffen, damit er sich herunterfahren und entspannen kann. Das gilt auch für Vierbeiner, die zwar keine »Workaholics« sind, aber trotz entsprechender Bewegung auch zu Hause immer unterwegs sind und unruhig hin und her laufen. Auch wenn der Hund durch die Kinder dauerbespaßt wird, kann das dazu führen, dass er nervös wird. Sorgen Sie daher immer wieder für die nötige Ruhe und nehmen Sie den Hund aus dem Getümmel, bevor er überdreht.

Die richtige Dosis: Gehört der Vierbeiner eher zur gemütlichen Sorte, muss man nicht mit Gewalt versuchen, ihn ausgiebig zu beschäftigen. Braucht der eine einen Spaziergang gewürzt mit Geschicklichkeits-, Gehorsams- oder Apportierübungen, kann es einem Couch-Potato schon reichen, ein paar Leckerchen zu suchen oder die eine oder andere Gehorsamsübung zu trainieren. Oder auch nur einfach so spazieren zu gehen. Schauen Sie, was Ihr Hund gern macht und was ihm guttut. Verlassen Sie sich hinsichtlich der richtigen Dosis auch auf Ihr Bauchgefühl. Außerdem gilt: Qualität vor Quantität. Eine halbe Stunde strukturiertes Apportiertraining ist beispielsweise sinnvoller als eine Stunde Ballwerfen und den Hund hemmungslos hinterherjagen zu lassen. Letzteres bedeutet gerade für »Balljunkies« oft extremen Stress und nicht Spaß in unserem Sinn. Außerdem kann der Hund dadurch noch mehr sensibilisiert werden, sich schnell bewegenden Objekten hinterherzujagen.

Das fördert die Konzentration

Gerade für nervöse Vierbeiner sind ruhige Beschäftigungen, die die Konzentration fördern, oft die bessere Wahl. Aber sich zu konzentrieren, tut jedem Vierbeiner gut. Dazu gehören Ihnen nun schon bekannte Übungen wie das Gehen über Hindernisse, Balancieren oder das Sitzen auf Baumstümpfen.

Und auch Beschäftigungen, bei denen der Hund vor allem seine Nase einsetzen muss. Hier ein paar Anregungen.

▶ Ihr Hund bringt gern sein Spielzeug? Dann lassen Sie ihn sitzen, gehen ein ganzes Stück nach vorn von ihm weg und legen zum Beispiel seinen Ball auf den Boden. Kehren Sie an die Seite des Hundes zurück und warten Sie ein paar Momente. Verhält sich der Hund ruhig, darf er den Ball holen. Ist er unruhig, holen Sie ihn selbst.

▶ Sie legen – wie oben beschrieben – den Ball aus und gehen zum Hund zurück. Sie nehmen ihn bei Fuß, drehen sich um 180 Grad und gehen ein Stück weiter weg. Drehen Sie sich nun wieder Richtung Ball und schicken Sie den Hund los.

▶ Beginnen Sie wieder wie oben und drehen Sie sich wieder mit dem Hund um 180 Grad. Nun gehen aber nur Sie allein ein Stück weg, der Hund bleibt sitzen. Jetzt rufen Sie ihn zu sich, nehmen ihn bei Fuß und schicken ihn.

▶ Wenn Ihr Hund gern mit der Nase arbeitet, legen Sie ihm, ohne dass er zuschaut, eine Leckerchenfährte. Sie gehen dazu zunächst eine gerade, nicht zu lange Strecke. Mit zunehmendem Können werden die Strecken länger und mit stumpfen Winkeln – also Kurven – »gewürzt«. An den Beginn dieser Winkel legen Sie mehrere Happen. Am Fährtenanfang liegen mehrere sehr gute Leckerchen, dann auf Ihrer Spur im Abstand von etwa dreißig Zentimetern immer wieder ein Häppchen. Ans Ende der Fährte kommt ein Napf mit leckeren Happen oder das Lieblingsspielzeug. Nun gehen Sie in einem großen Bogen zurück, damit die Fährte unberührt bleibt. Danach führen Sie den Vierbeiner an der Suchleine zum Anfang der Fährte. Jetzt arbeitet er sich nach und nach die Fährte entlang bis zum Ende. Wird er zu schnell und überläuft Häppchen, können Sie ihn mit der Leine bremsen.

▶ Verstecken Sie einen größeren leckeren Happen in einem begrenzten Bereich, in dem der Hund aber konzentriert mit der Nase suchen muss, um den Happen zu finden. Dafür eignet sich etwa längeres Altgras mit Vertiefungen in der Erde oder Bereiche mit Totholz. Anfangs lassen Sie den Vierbeiner beim Verstecken zuschauen. Sobald er weiß, worum es geht, nicht mehr. Der Bereich ist anfangs relativ klein, also etwa einen Quadratmeter, später zwei oder drei Quadratmeter.

▶ Soll der Vierbeiner sich mehr bewegen, verstecken Sie den Happen oder sein Spielzeug in einem größeren Gebiet. In diesem Fall kann das Gelände auch weniger bewachsen sein.

Trainingsplan Stufe 5

Die einzelnen Varianten pro Übung können unterschiedlich schnell gut klappen. Legen Sie den Schwerpunkt auf die, die weniger gut funktioniert. Üben Sie die zweite Bei-Fuß-Seite anfangs zeitlich deutlich getrennt vom normalen Bei-Fuß-Gehen.

Übungen	Wie oft?
Zweite Bei-Fuß-Seite	1- bis 2-mal täglich
Hinten gehen	mehrmals wöchentlich
Schau	1-mal wöchentlich
Sitz	mehrmals wöchentlich
Bleiben im Sitzen	jeden zweiten Tag
Kommen auf Ruf	1-mal täglich
Bei Fuß ohne Leine	erst ca. 2-mal wöchentlich

Übung **1** Mit Happen an die Seite.

Übung **2** Dort lassen Sie ihn sitzen.

Übung **3** Ab auf die andere Seite.

Die Übung »Zweite Bei-Fuß-Seite«

Ihr Hund kann perfekt an Ihrer Seite bei Fuß laufen. Nun soll er lernen, auch dicht an Ihrer anderen Seite zu laufen. Damit er beide Seiten auseinanderhalten kann, verknüpfen Sie die zweite Seite mit einem anderen Hörzeichen.

Gezielt üben: Beginnen Sie so, wie Sie Ihrem Vierbeiner »Bei Fuß« beigebracht haben (→ Seite 34).

▶ Halten Sie dem Hund also einen Happen vor die Nase und führen Sie ihn damit, wie auf Seite 14/15 beschrieben, mit etwa »Seite« an Ihre zweite Seite. Dort lassen Sie ihn sitzen.

▶ Mit einem neuen Happen gehen Sie dann los, der Hund läuft dicht an der neuen Seite. Beim Losgehen und unterwegs sagen Sie hin und wieder Ihr neues Hörzeichen. Bemerken Sie, dass der Vierbeiner schon verstanden hat, worauf es ankommt, lassen Sie ihn von einer Seite zur anderen wechseln.

▶ Nehmen Sie ihn dazu bei Fuß (als Beispiel links) und lassen Sie ihn sitzen.

▶ Nun nehmen Sie einen Happen in die linke Hand, halten ihn dem Hund vor die Nase und locken ihn mit Ihrem neuen Hörzeichen auf Ihre rechte Seite. Wenn Sie sich dabei mit der Hand deutlich an den Oberschenkel klopfen, konditionieren Sie gleich noch ein Handzeichen. Der Happen wandert dabei hinter Ihrem Rücken in die rechte Hand. Dort angekommen, lassen Sie den Hund parallel und dicht neben Ihnen sitzen.

▶ Dann gibt es die Belohnung. Bauen Sie die Leckerchen während des Seitenwechsels nach und nach ab, später auch die, die er bekommt, wenn er an Ihrer Seite angekommen ist.

Hinweis: Sie können den Hund auch vorn von einer auf die andere Seite wechseln lassen. Allerdings ist es hinten herum oft praktischer, etwa während des Gehens. Aber es schadet nichts, wenn der Vierbeiner beide Varianten beherrscht.

Umsetzung im Alltag: Sie gehen zum Beispiel mit dem Hund auf einem Feldweg und haben ihn so bei Fuß, dass Sie außen gehen. Sie bleiben stehen und lassen den Hund sitzen, weil ein Traktor, ein Mähdrescher oder etwas Ähnliches kommt. Unter Umständen ist aber nicht sehr viel Platz zwischen Hund und Maschine. Ist Ihnen das zu riskant, nehmen Sie Ihren Vierbeiner nun mit dem neuen Hörzeichen an Ihre andere Seite. So sitzt der Vierbeiner außen am Wegrand. Sie müssen also nicht noch rasch auf die andere Seite des Weges wechseln, sondern können die Maschine nun entspannt vorbeifahren lassen.

Üben mit anderen Hunden: Sobald der Vierbeiner ohne Ablenkung und Leckerchen auf die andere Seite wechselt, üben Sie mit einem zweiten Mensch-Hund-Team. Lassen Sie Ihren Hund bei Fuß (hier links) sitzen. Das andere Team nähert sich nun von links und in etwa auf Ihrer Höhe. Währenddessen lassen Sie Ihren Vierbeiner auf die andere Seite (hier rechts) wechseln. Je früher die Seite gewechselt wird, umso leichter ist die Übung. Je näher der andere Hund schon ist, umso schwerer wird sie. Trainieren Sie Schritt für Schritt.

Wenn es nicht klappt: Manche Hunde tun sich anfangs schwer mit der zweiten Seite, weil sie total auf die eine Bei-Fuß-Seite fokussiert sind. Aber mit einem besonders reizvollen Lockmittel und Geduld wird es klappen.

Setzen Sie das Bei-Fuß-Laufen ein paar Tage komplett aus und üben Sie nur die zweite Seite. Sie können den Vierbeiner auch mit der Leine unterstützen. Klappt es im Alltag oder mit Artgenossen noch nicht, ist die Übung nicht genug gefestigt oder die Ablenkung zu hoch. Trainieren Sie daher erst noch eine Zeit lang ohne »Ernstfall« und steigern Sie das Übungsniveau nur nach und nach.

Übung **4** Ein Artgenosse geht vorn vorbei.

Übung **5** Seitenwechsel mit Signal und Happen.

Übung **1** Zuerst einige Meter »Bei Fuß«.

Übung **2** Nun Hand- und Hörzeichen für »Hinten«.

Die Übung »Hinten gehen«

Ihr Vierbeiner bleibt schön hinter Ihnen, wenn Sie stehen. Nun soll er das auch im Gehen tun. Wichtig ist, dass er die Übung verstanden hat und aus der Position neben Ihnen auf Ihr Hör- und gegebenenfalls Handzeichen hinter Sie geht und auch dort bleibt.

Gezielt üben: Auch bei dieser Übung hilft zunächst eine mindestens einseitige Begrenzung des Weges, etwa ein Zaun.

▶ Gehen Sie mit dem Hund bei Fuß, sodass er am Zaun entlanggeht. Läuft er aufmerksam mit, sagen Sie nach einigen Metern Ihr Hörzeichen.

▶ Geht er nicht von selbst hinter Sie, verengen Sie während des Gehens den Raum zum Zaun so, dass Sie den Hund hinter sich drängen. Ihre Handflächen zeigen wieder nach hinten. Gehen Sie nun noch ein Stück weiter, damit der Vierbeiner in dieser Position einige Meter zurücklegt. Währenddessen können Sie Ihr Hörzeichen ein paar Mal wiederholen.

▶ Am Ende drehen Sie sich zu ihm um und belohnen ihn. Soll-te er sich unterwegs vordrängeln wollen, drängen Sie ihn spätestens dann, wenn er auf Ihrer Höhe ist, zurück. Ist er erst einmal zu weit vorn, funktioniert das Abdrängen nicht mehr.

▶ Gehen Sie zunächst nur wenige Meter und verlängern Sie die Strecke mit zunehmendem Können des Hundes. Denn am besten für den Trainingseffekt ist es, wenn der Vierbeiner erst gar nicht dazukommt, sich vorzudrängeln. Je länger anfangs die Strecke ist, umso höher ist auch die Wahrscheinlichkeit, dass es ihm zu viel wird und er nach vorn möchte. Gehen Sie außerdem weder sehr langsam noch zu schnell.

▶ Alternativ lassen Sie den Hund erst hinter sich stehen und gehen aus dieser Position los. Probieren Sie aus, was Ihnen und Ihrem Hund am leichtesten fällt.

Umsetzung im Alltag: Sie sind auf einem nicht zu schmalen Weg unterwegs. Der Vierbeiner läuft frei oder ist bei Fuß. Nun sehen Sie, dass ein für Ihren Hund nicht zu hoher Reiz entgegenkommt, etwa ein Reiter, ein Spaziergänger oder ein langsames Fahrzeug. Sie holen Ihren Hund rechtzeitig zu sich oder lassen ihn aus der Fuß-Position hinter sich gehen. Beendet

Übung **3** Es wird eng, der Hund läuft hinten.

Übung **4** Ein Hund geht auf Signal nach hinten.

wird die Übung, nachdem der Hund zumindest die nächste Zeit noch jedes Mal belohnt wird, wenn der Gegenverkehr vorbei ist. Anschließend lassen Sie den Hund wieder, je nach Situation, an der lockeren Leine oder bei Fuß frei laufen.

Üben mit anderen Hunden: Beginnen Sie das Training mit Artgenossen zunächst auf einer niedrigen Stufe. Treffen Sie sich mit Ihrem Trainingspartner auf einem Weg mit einer Begrenzung durch einen Zaun oder Ähnliches.

Stellen Sie sich mit den Hunden bei Fuß gegenüber. Und zwar so, dass Ihr Vierbeiner zwischen Ihnen und dem Zaun sitzt. Nun lassen Sie Ihren Vierbeiner hinter Sie gehen. Macht er das, drehen Sie sich zu ihm und belohnen ihn. Wenn nötig, drängen Sie ihn mittels der Begrenzung nach hinten. Je besser die Trainingsgefährten es gewohnt sind, zusammen zu trainieren, und je größer der Abstand zum Artgenossen ist, umso leichter ist die Übung zu meistern. Also passen Sie auch hier auf, dass Sie die Anforderungen nach und nach steigern, damit der Hund nicht überfordert wird und vor allem nicht unerwünschten Erfolg hat und zum Artgenossen gelangt.

Wenn es nicht klappt: Geht der Hund korrekt und entspannt bei Fuß und an lockerer Leine oder neigt er eher zum Vorpreschen und Zerren? Ist Letzteres der Fall, müssen Sie zunächst an diesem Problem arbeiten, denn sonst ist der Schritt vom Vorpreschen zum Hinter-Ihnen-Gehen ziemlich groß, und Sie tun sich schwer mit dem richtigen Timing, um den Hund zurückzudrängen. Klappt die Übung in Alltagssituationen nicht immer, sind die Ablenkungen eventuell zu stark. Nutzen Sie einfachere Situationen mit Ablenkungen, die für Ihren Vierbeiner keinen zu hohen Wert haben. Achten Sie auch auf Ihre Körpersprache. Sind Sie zu zögerlich und zu wenig präsent? Achten Sie im gesamten Zusammenleben mit dem Vierbeiner darauf, ob Sie zu wenig oder nicht deutlich genug über Ihre Körpersprache kommunizieren, denn dann klappt es auch hier nicht optimal. Wenn es Ihnen trotz entsprechender Bemühungen schwerfällt, sich in diesem Bereich zu ändern, nehmen Sie notfalls einen Happen zu Hilfe, den Sie mittig hinter Ihrem Rücken halten. Das motiviert den Hund dazu, dort zu bleiben. Das sollte aber keine Dauerlösung sein.

Der unsichere Hund

Unsicheres Verhalten kann beim Hund angeboren sein oder durch schlechte Erfahrungen verursacht werden. Häufig treten während des Heranwachsens sensiblere Phasen auf, die sich aber wieder geben. Unsicherheiten zeigen sich in unterschiedlichen Ausprägungen gegenüber Umweltreizen, also bei Geräuschen oder Dingen und Menschen, die der Hund sieht. Suspekt sind ihm oft einzeln auftauchende Personen oder »auffällige« Menschen mit Hut, Kapuze oder hinkende Zweibeiner sowie Kinder. Manche Hunde sind allem Unbekannten gegenüber unsicher, andere wiederum nur gegenüber Artgenossen. Der Grund dafür sind oft schlechte Erfahrungen. Inwieweit sich an der Unsicherheit eines Hundes etwas verbessern lässt, hängt von der Ausprägung und der Ursache ab.

Ein unsicherer Vierbeiner braucht jedoch immer Sicherheit durch seinen Menschen. Fehlt ihm diese, muss er aus seiner Sicht bedrohliche Situationen selbst meistern. Das kann dazu führen, dass er bei entsprechenden Erlebnissen flüchtet oder misstrauisch bellend nach vorne geht. Sicherheit vermitteln heißt aber weder »betüddeln« noch schimpfen, sondern managen, regeln und den Hund, soweit möglich, allmählich an auslösende Situationen gewöhnen.

Ein unsicherer Hund hat es, je nach Ausprägung, im Alltag oft nicht leicht. Mit »betüddeln« ist ihm aber nicht geholfen.

Oft hilft der Appetit. Der Vierbeiner traut sich und erlebt auf dem Weg zum Napf, dass der Steg ungefährlich ist.

1 Angst vor fremden Menschen

Der Vierbeiner meidet fremde Menschen. Sorgen Sie dafür, dass er nicht bedrängt wird. Also kein Anfassen, kein Über-ihn-Beugen, je nach Ausprägung nicht einmal Anschauen oder Ansprechen. Fremde müssen ihn ignorieren. So mancher Vierbeiner nimmt von selbst Kontakt auf, wenn er nicht dazu gezwungen wird. Auch dann sollte der Zweibeiner zurückhaltend sein, den Hund nicht direkt anschauen und sich ihm nicht frontal nähern. Wenn nähern, dann von der Seite, gelassen und mit ruhiger Stimme. Achten Sie unterwegs darauf, dass Sie den Hund beispielsweise in einem Lokal so ablegen, dass keine Menschen für ihn zu nah vorbeigehen. Sucht der Hund unterwegs Schutz bei oder hinter Ihnen, wenn jemand entgegenkommt, ist das in Ordnung. Gehen Sie souverän weiter, werden Sie nicht zögerlich. Sagen Sie nichts oder allenfalls etwas in motivierendem, gelassenem Tonfall.

2 Angriff ist die beste Verteidigung

Der Hund läuft mit gesträubtem Rückenfell und misstrauisch bellend auf Menschen zu, vielleicht auch nur auf manche. Rufen Sie ihn jedes Mal zu sich, wenn jemand entgegenkommt. Immer schon dann, bevor er losgestartet ist, damit es gar nicht erst zum unerwünschten Verhalten kommt und der Hund daraus etwas Falsches lernt. Nehmen

Sie ihn an die Leine, damit Sie ihn bei sich behalten können. Gehen Sie ebenso souverän weiter, wie links beschrieben. Keine gute Idee wäre es, den Hund von der verbellten Person füttern zu lassen. Leicht verknüpft der Hund dann die Happen als Belohnung für sein Verhalten.

3 Angst vor Artgenossen

Der Hund wurde gebissen und reagiert optisch ähnlichen Artgenossen gegenüber verunsichert. Vielleicht gibt es in Ihrer Umgebung einen ähnlich aussehenden, ruhigen und verträglichen Vierbeiner, mit dem Sie Ihren Hund einige Male in Kontakt bringen könnten.

▶ Ihr Vierbeiner ist allen Artgenossen gegenüber übervorsichtig. Ersparen Sie ihm Kontakte zu mehreren Hunden auf einmal, die alle nur »spielen« wollen. Was für viele ahnungslose Zweibeiner wie Spiel aussieht, ist für so manchen Hund reiner Stress. Das kann auch die Ursache für das Verhalten Ihres Hundes sein. Ermöglichen Sie ihm ausgesuchte Kontakte mit einzelnen, nicht stürmischen Artgenossen.

▶ Eine weitere Ursache ist die Übervorsicht oder gar Angst des Zweibeiners bei Hundebegegnungen. Das überträgt sich leicht auf den Hund. Versuchen Sie, entspannt zu bleiben, denn die meisten Hundebegegnungen verlaufen völlig problemlos. Scheuen Sie sich aber nicht zu sagen, wenn Ihr Hund keinen Kontakt aufnehmen soll, weil er angeleint ist, Sie gerade üben usw.

4 Unheimliche Objekte

Der Vierbeiner wird durch Umweltreize verunsichert. Bleiben Sie in Sicht- oder Hörweite des Reizes, aber in der Entfernung, in der Ihr Hund weitgehend entspannt ist. Erst dann tasten Sie sich stufenweise, auch über mehrere Tage, immer weiter an das für ihn unheimliche Objekt heran.

Alternativ ermuntern Sie ihn an lockerer Leine, zusammen mit Ihnen sein »Angst-Objekt« zu erkunden.

▶ Traut der Hund sich nicht über eine Treppe oder einen Steg, hilft oft Hunger. Stellen Sie den lecker gefüllten Futternapf ans Ende. Alternativ legen Sie Happen von einem

Einem unsicheren Vierbeiner nähert man sich, wenn überhaupt, mit seitlich abgewandtem Körper und ohne ihn direkt anzuschauen.

Ende zum anderen, daran kann der Hund sich dann entlang-»hangeln«. Sie gehen jeweils voraus. Bei leichter Unsicherheit kann ein motivierendes »Fuß« helfen, mit Ihnen zu gehen, oder ein »Hier«, wenn Sie schon voraus sind.

Wichtig: Nur bei leichter Unsicherheit kann ein Kommando dem Hund helfen, diese zu überwinden. Bei ausgeprägter Unsicherheit/Angst käme er durch eine »Anweisung« oder Ziehen an der Leine in einen stressigen Konflikt, und das Problem würde sich verstärken.

Bitte beachten: Üben Sie in stress- und angstfreier Atmosphäre und mit einem unsicheren Hund in einem Umfeld, in dem er entspannt ist.

Übung **1** Zeigen Sie dem Hund beide Happen.

Übung **2** Er »fragt« freiwillig mit Blickkontakt.

Die Übung »Schau«

Eigentlich ist dies keine »echte« Schau-Übung, weil die Übung ohne Hörzeichen auskommt. Dennoch gibt es eine Belohnung, wenn der Hund Blickkontakt zu Ihnen aufnimmt. Dies macht der Hund von sich aus, im Prinzip, um seinen Zweibeiner zu »fragen«. Wichtig ist hier wieder das perfekte Timing, was je nach Hund nicht unbedingt einfach ist. Sinn der Übung ist es, die Kooperationsfreude des Hundes zu fördern. Denn er sieht etwas, was er sehr gerne haben möchte, kommt aber nicht zum Erfolg, solange er Sie nicht »fragt«. Sie haben zwei Varianten zur Auswahl. Noch ein Tipp: Je besser der Hund die anderen Schau-Übungen kann, umso leichter wird diese Übung sein.

Gezielt üben: Für die Übung brauchen Sie Zeit, eine ruhige Umgebung und einen hungrigen Hund sowie zwei sehr verführerische Happen, die er unbedingt haben möchte. Bei mäkeligen, aber »spielzeugsüchtigen« Vierbeinern verwenden Sie statt der leckeren Happen zwei absolute Hit-Spielzeuge. Und dann kann es losgehen!

Variante 1: Der Hund sitzt oder steht vor Ihnen. Sie nehmen in jede Hand einen Happen und halten ihm beide vor die Nase.
▶ Dann strecken Sie beide Arme gleichzeitig waagerecht zur Seite und bleiben stehen.
▶ Der Vierbeiner wird nun sehr an den Leckerbissen interessiert sein. Vielleicht springt er danach oder er »hypnotisiert« einen oder beide abwechselnd. Das hilft ihm nicht. Sie bleiben stumm stehen und schauen ihn an. Sprechen Sie nicht mit dem Hund und animieren Sie ihn nicht, zu Ihnen zu schauen.
▶ Wenn er die Happen wirklich haben möchte und all seine Bemühungen nicht fruchten, kommt irgendwann der Moment, in dem er Blickkontakt zu Ihnen aufnimmt. Aber vielleicht nur ganz kurz. Diesen Moment müssen Sie erkennen.
▶ Nun bekommt er einen der Leckerbissen und merkt, dass es sich lohnt, mit seinem Menschen zusammenzuarbeiten. Sollte er sich vorher auf einen der Happen besonders konzentriert haben, bekommt er nicht diesen, sondern den aus Ihrer anderen Hand. Das zeigt ihm zusätzlich zum »Fragen«, dass es sich lohnt, genau darauf zu achten, was Sie ihm signalisieren.

Übung 3 | Sie schauen deutlich zu einer Seite.

Übung 4 | Der Hund ebenfalls, und er wird belohnt.

Variante 2: Nimmt Ihr Vierbeiner deutlich Blickkontakt zu Ihnen auf und hält diesen aufmerksam, können Sie folgende Variante ausprobieren.

► Sie beginnen ebenso, wie bei Variante 1 beschrieben.

► Wenn der Hund Blickkontakt zu Ihnen aufnimmt, warten Sie einen Moment. Er schaut Sie an, Sie ihn. Nun aber schauen Sie deutlich in Richtung eines Ihrer Arme. Wenn Ihr Hund daraufhin auch auf Ihren Arm schaut, bekommt er diesen Happen.

Umsetzung im Alltag: Diese Übung hat zwar keinen echten Alltagsbezug, Sie können sie aber trotzdem mit immer stärkerer Ablenkung kombinieren, wenn Sie möchten. Das fördert die Konzentration des Hundes auf Sie.

Üben mit anderen Hunden: Hier gilt dasselbe wie für die Umsetzung im Alltag.

Wenn es nicht klappt: Gibt Ihr Hund auf, wenn er nicht an die Happen/Spielzeuge kommt? Dann möchte er sie nicht wirklich haben. Probieren Sie aus, was interessanter für ihn ist. Eventuell haben Sie aber auch kurze Momente eines Blickkontakts nicht oder nicht rechtzeitig erkannt. Hat der Hund Sie schon ein- oder gar mehrmals ohne Erfolg kurz angeschaut, gibt er irgendwann auf. Denn was ihm nichts bringt, lässt er früher oder später sein. Zusätzlich lernt er, dass ihm sein Zweibeiner auch nichts nützt. Das ist nicht ideal. Das Timing ist hier extrem wichtig, aber je nach Hundetyp nicht einfach. Besonders solchen Vierbeinern, die recht eigenständig sind, kommt oft erst spät die Idee, auch mal kurz auf ihren Menschen zu schauen. Eine andere Fehlerquelle ist zu spätes Belohnen. Das passiert oft bei nur kurzem Blickkontakt. Der Hund schaut seinen Menschen für einen kurzen Moment an und fixiert gleich wieder einen der Happen. Bekommt er nun vermeintlich für den Blickkontakt etwas und womöglich auch noch den Happen, den er sowieso schon fixiert, wird er dafür belohnt, dass er seinen Menschen nicht »fragt«. Für das Timing ist hier auch ein konditioniertes Belohnungssignal hilfreich (→ Seite 39). Im Moment des Blickkontakts kommt dieses Signal als Ankündigung der Belohnung. So spielt die kleine Zeitverzögerung, bis der Happen im Maul ist, keine Rolle. Tut Ihr Hund sich auch mit den anderen Schau-Übungen noch schwer, üben Sie zuerst diese.

Übung **1** Die Hilfsperson lenkt ab.

Übung **2** Sie kicken den Ball weg.

Übung **3** In einiger Entfernung sitz

Die Übung »Sitz«

Beim Sitzen erreichen Sie nun die letzte Stufe. Ihr Vierbeiner wird noch mal anspruchsvolleren Situationen ausgesetzt, die er aber mit dem bisherigen Training bald entspannt meistert. Arbeiten Sie genau. Korrigieren Sie, falls nötig, rechtzeitig. Trainieren Sie diese Übungen zunächst immer an der Leine, um Fehlerquellen von vornherein auszuschalten.

Gezielt üben: Engagieren Sie eine Hilfsperson, die der Hund mag. Sie hat ein Spielzeug oder einen Happen in der Hand.

► Ihr Vierbeiner sitzt bei Fuß, der Helfer steht vor Ihnen. Zuerst ruhig und ohne den Hund anzuschauen.

► Sitzt der Hund gelassen, spricht die Person ihn mit freundlicher Stimme, aber ohne Namen an. Bleibt sein Hinterteil auf dem Boden? Wiederholen Sie bei kleinsten Unruhanzeichen »Sitz« in ruhigem, aber bestimmtem Ton.

► Nach einigen Momenten entfernt sich die Person wieder.

► Auch ohne Hilfsperson können Sie die Sitz-Übung nochmals steigern. Der Vierbeiner sitzt wieder an Ihrer Seite. Sie legen seinen Lieblingsball direkt vor Ihre Füße. Nach ein paar Momenten kicken Sie den Ball nach vorn weg. Zuerst am besten ohne zu viel Power. Auch hier heißt es rasch reagieren und das Hörzeichen wiederholen, falls es den Hund nicht an Ihrer Seite halten sollte!

Umsetzung im Alltag: Müssen Sie Ihr Kind zum Beispiel von der Schule abholen? Dann nutzen Sie diese Gelegenheit gleich zum Üben.

► Der Hund sitzt wieder an Ihrer Seite, und zwar schon kurz bevor der Gong am Ende der letzten Schulstunde ertönt.

► Bleiben Sie bei den ersten Malen weiter weg vom Eingang und stellen Sie sich so hin, dass der Hund die Kinder zwar registriert, sie aber nicht gleich direkt auf ihn zulaufen.

► Kennen Sie das auch? Man geht spazieren, da meldet das Handy eine Mitteilung. Man bleibt stehen, tippt und achtet oft nicht mehr aufmerksam auf die Umgebung. Wie praktisch, wenn der Hund dann bei Fuß sitzt und ihn auch Jogger oder Radfahrer nicht aus der Ruhe bringen. Behalten Sie ihn aber noch im Auge, wenn Sie das die ersten Male ausprobieren.

Üben mit anderen Hunden: Beide Zweibeiner nehmen ihre Hunde an ihre Seite und stellen sich gegenüber. Den Abstand wählen Sie so, dass Sie sich per Handschlag begrüßen können.

► Sitzen die Hunde entspannt, geben Sie sich nun die Hand. Je ruhiger Sie das tun, umso einfacher ist die Übung für die Vierbeiner. Danach wechseln Sie noch ein paar Worte. Wiederholen Sie das zwei, drei Mal.

► Dann verabschieden Sie sich. Einer bleibt stehen, der andere geht weg. Damit der Vierbeiner auch jetzt nicht noch zum Artgenossen durchstartet und auch der nicht zu Ihrem Hund kann, gehen Sie so weg, dass Ihr Hund außen läuft und Sie zwischen ihm und dem anderen Team sind.

Wenn es nicht klappt: Ist der Hund bei den anderen Sitz-Übungen noch angespannt? Dann trainieren Sie diese erst noch. Verhält sich Ihr Helfer zu aktiv? Kicken Sie den Ball mit zu viel Power weg? Senken Sie das Niveau durch weniger Action des Helfers oder moderatere »Beinarbeit« mit dem Ball. Klappt die Begegnung mit dem zweiten Mensch-Hund-Team nicht, bleiben Sie erst in etwas größerem Abstand zueinander stehen und gehen Sie Schritt für Schritt auf das andere Team zu. Strecken Sie Ihren Arm nur etwas nach vorn und nehmen ihn wieder zurück. Strecken Sie ihn nach und nach weiter aus, bis es zum Handschlag reicht. Gestalten Sie die Begrüßung zunächst sehr gedämpft und sprechen Sie ruhig miteinander.

Übung 4 Sie sind abgelenkt.

Übung 5 Begrüßung mit Handschlag.

Übung 6 Danach geht einer vorbei.

Anschluss halten
und in der Nähe bleiben

Dass der Hund von sich aus innerhalb eines leicht über-
schaubaren Radius um Sie herum in der Nähe bleibt,
erreichen Sie am besten mit regelmäßigen Bindungsspazier-
gängen schon im Welpenalter. In dieser Zeit ist der Nach-
folgeinstinkt besonders ausgeprägt, und das ist ideal, um das
Verhalten zu festigen.

Jenseits des Welpen-und Junghundealters klagen Hundehalter jedoch oft darüber, dass der Hund sich zu weit entfernt,
sie ihm egal sind oder er durchstartet, wenn er etwas Interessantes sieht. Wie kann das passieren? Zum einen sind
natürlich nicht alle Hunde gleich. Eigenständige Hunde und
Dickköpfe neigen eher dazu, ihr eigenes Ding zu machen,
als solche, die von Natur aus mehr auf ihren Zweibeiner
fixiert oder aber auch von Natur aus ängstlich sind. Doch
vieles liegt auch am Verhalten des Menschen.

Das eigene Verhalten ändern

Fast jeder geht irgendwann meist dieselbe Runde mit seinem
Vierbeiner. Der Hund weiß natürlich längst, wo es hingeht,
und er braucht sich dann nicht mehr um seinen Menschen
zu kümmern. Außerdem ist die Mehrzahl aller Hundehalter
zu mitteilsam. Da heißt es »Bleib hier«, wenn der Hund zu
weit voraus ist, oder »Komm, wir gehen hier lang«, wenn
man abbiegt, oder es wird mit »Bist du bald fertig?« gewartet, wenn der Hund an einer interessanten Schnüffelstelle
hängen bleibt. Auch wenn dieser einen vierbeinigen Spiel-
kameraden trifft, wartet der Zweibeiner brav. Vielleicht ruft

er sogar zwischendurch und meldet seinem Hund so, dass er
noch immer da ist. All diese Dinge tragen dazu bei, dass der
Hund nicht mehr darauf achten muss, den Anschluss zu
halten. Jetzt heißt es, einiges zu verändern.

Drei wichtige Verhaltensregeln: Als Erstes sollten Sie sich
angewöhnen, während des Gehens so gut wie nichts mehr
zu Ihrem Vierbeiner zu sagen. Das Zweite ist, sich nicht auf
eine bestimmte Strecke festzulegen, sondern so zu agieren,
dass Sie für den Hund »unberechenbar« bleiben. Er also
nicht wissen kann, wohin Sie gehen, und das nur mitbe-
kommt, wenn er immer schaut, wo Sie sind. Drittens warten
Sie nicht mehr auf ihn.

Anschluss halten üben: Damit den Hund nichts von Ihren
Neuerungen ablenkt, gehen Sie die nächste Zeit dort
spazieren, wo möglichst niemand unterwegs ist. Also
entweder zu einer anderen Zeit oder in einem anderen
Gebiet. Schon beim Ableinen geht es los.

▶ Sie lassen Ihren Vierbeiner sitzen, leinen ihn ab und
geben ihm, während er Sie anschaut, Ihr Auflösungssignal.
Letzteres machen Sie vor allem bei einem schnellen Hund
ganz ruhig statt motivierend.

▶ Sie selbst kehren aber gleichzeitig um und gehen rasch
weiter. Es wird nicht lange dauern, bis der Vierbeiner
verblüfft feststellt, dass Sie die entgegengesetzte Richtung
eingeschlagen haben.

▶ Der Hund wird Ihnen hinterherkommen und an Ihnen
vorbeirasen. Kurz bevor er vorbei ist, kehren Sie stumm und
mit entschlossenem Schritt gleich wieder um. Machen Sie
immer so weiter. Anfangs dauert es vielleicht noch etwas
länger, bis der Hund kommt, weil er nicht gewohnt ist,
Anschluss zu halten.

▶ Dann verstecken Sie sich. Hat er Sie schließlich gefunden
(das ist bereits seine Belohnung), gehen Sie sofort wieder
weiter. Falls Sie ihn jedoch womöglich erfreut begrüßen, hat

er schon wieder Ihre Aufmerksamkeit und kann sich deshalb sofort mit etwas anderem beschäftigen.

▶ Biegen Sie immer um 180 Grad ab, sobald er voraus, nach rechts oder links läuft.

▶ Bleibt er zurück, werden Sie sofort schneller. Daraufhin wird auch er »die Beine in die Hand« nehmen. Bald werden Sie merken, dass der Hund in der Nähe bleibt und hin und wieder nach Ihnen schaut.

▶ Haben Sie das einige Zeit geübt, wagen Sie sich in belebtere Gegenden. Machen Sie dort alles genauso.

▶ Warten Sie nicht, wenn der Hund einen anderen frei laufenden trifft, sondern gehen Sie einfach weiter.

▶ Nehmen Sie eine Abzweigung und tun Sie das stumm. Der flotte entschlossene Schritt und das kommentarlose Sich-nicht-Kümmern lassen Sie souverän wirken, und der Vierbeiner orientiert sich deshalb an Ihnen. Jegliches Zögern lässt Sie dagegen »schwach« erscheinen – mit den bekannten »Nebenwirkungen«. Ihre Souveränität sollte sich aber nicht nur auf die Spaziergänge beschränken!

Hinweis: Irgendwann geht man natürlich wieder seine normalen Wege auf normale Art und zur normalen Zeit. Wenn Sie das Grundsätzliche beibehalten – entschlossen gehen und stumm bleiben –, ist das auch kein Problem. Sobald Sie aber merken, dass der Vierbeiner nachlässiger wird, ist eine Auffrischung durch viele unangekündigte Richtungswechsel und Spaziergänge in unterschiedlichen Gebieten und eine erneute Überprüfung des eigenen Verhaltens notwendig.

Die Handfütterung

Für hartnäckige Unabhängige haben Sie noch einen Joker im Ärmel – die vorübergehende Handfütterung. Fressen muss jeder Hund irgendwann, und wenn er das Futter nur noch aus Ihrer Hand bekommt, machen Sie ihn von sich abhängig. Ob das für die gesamte Tagesration gilt oder nur für einen Teil, hängt davon ab, wie groß der Appetit sein muss, damit der Hund Sie auch wirklich im Blick behält. Bei dem einen reicht es, einen Teil der Ration aus der Hand zu füttern, der andere braucht vielleicht sogar einen Fastentag vor dem Beginn der Handfütterung.

▶ Packen Sie das Futter vor den Augen Ihres Vierbeiners ein. Dann verfahren Sie so, wie für das Üben des Anschlusshaltens beschrieben.

▶ Anfangs bekommt Ihr Vierbeiner zwischendurch immer wieder mal etwas, wenn er brav in der Nähe geblieben ist.

▶ Mit der Zeit werden die futterfreien Intervalle länger, bis es schließlich nur noch am Ende des Spaziergangs eine Portion gibt.

▶ Anschließend wird der Vierbeiner angeleint, damit er nicht doch noch die Gelegenheit bekommt, sein eigenes Ding zu machen.

Emotionale Probleme? Obwohl die Handfütterung als Hilfsmittel technisch wesentlich einfacher und weniger aufwendig als etwa eine 10-Meter-Schleppleine ist, haben viele Hundehalter emotional ein Problem damit, wenn ihr vierbeiniger Liebling sein Futter nicht mehr bequem aus seinem Napf futtern darf. Aber warum eigentlich? Jedes Raubtier in der Natur muss sich sein Futter durch Jagen erarbeiten. Der Hund kann es sich einfach durch die Zusammenarbeit mit seinem Menschen verdienen. Das ist doch ausgesprochen positiv.

Tipp: Die Handfütterung ist auch eine Option, wenn der Vierbeiner beim »Hier« die Ohren auf Durchzug stellt. Er bekommt sein Futter nur noch dann, wenn er auf Ihren Ruf oder Pfiff hin sofort da ist. Bevor Sie das unterwegs trainieren, üben Sie ein paar Mal in Haus und Garten, damit der Hund den Zusammenhang Kommen/Futter ohne Ablenkung kennenlernt.

Übung **1** Freudige Begrüßung, der Hund bleibt.

Übung **2** »Bleib« und dem Kind helfen können.

Die Übung »Bleiben im Sitzen«

Auch hier erreichen Sie jetzt die höchste Stufe! Wenn Sie systematisch trainiert haben, dann schafft dieses Niveau keine Probleme. Diese Übung hilft Ihnen und Ihrem Hund im Alltag.

Gezielt üben: Führen Sie den Vierbeiner nun stark in Versuchung. Engagieren Sie ein Familienmitglied oder eine Person, die der Hund gut kennt und mag.

► Nehmen Sie den Vierbeiner bei Fuß und lassen Sie ihn sitzen. Die Hilfsperson steht einige Meter von Ihnen entfernt.

► Nun sagen Sie »Bleib« und gehen fröhlich auf die ebenso fröhliche Hilfsperson zu.

► Begrüßen Sie sich überschwänglich. Das erste Mal gestalten Sie am besten so, dass Sie etwas seitlich stehen und den Hund dabei im Blick haben.

► Sollte er aufgeregt werden, gehen Sie sofort deutlich mit einem »Sitz« und erhobenem Arm auf ihn zu. Auf diese Weise bremsen Sie ihn. Am besten ist es, wenn er nicht dazu kommt, die ihm angewiesene Stelle zu verlassen.

► War der Vierbeiner zu schnell, bringen Sie ihn an seinen ursprünglichen Platz zurück.

► Variieren Sie die Übung, indem Sie sich langsamer oder schneller von Ihrem Hund entfernen sowie die Begrüßung moderater oder besonders überschwänglich gestalten. Auch der Abstand zur Hilfsperson kann größer oder kleiner sein.

Hinweis: Anspruchsvoll ist die Übung deshalb, weil die Ablenkung durch die beim Hund beliebte Person schon hoch ist, Sie sich auch noch rasch in deren Richtung bewegen und dann dort auch noch Action ist. Alles, was den Vierbeiner sehr interessiert, bewegt sich auf einen Punkt vor ihm zu und hat somit eine starke »Sogwirkung«, der er widerstehen muss.

Umsetzung im Alltag: Im Alltag gibt es verschiedene Möglichkeiten, ein Bleiben im Sitzen zu üben.

► Die Morgenrunde mit dem Hund nutzt man gleich, um das Altpapier zum Container mitzunehmen. Da im Bereich des Containers oft Glasscherben liegen, lassen Sie den Hund ein paar Meter davon entfernt sitzen. Am Container trifft man dann noch eine Nachbarin zum kurzen Plausch, bevor es weitergeht.

Übung **3** Verlockend – der Artgenosse läuft los.

Übung **4** Fehlstart – Bremsen mit Körpersprache.

▶ Sie gehen mit dem Hund spazieren. Es kommen Ihnen Kinder entgegen. Eines davon stolpert, fällt hin und weint. Das würde so manchen Vierbeiner sehr dazu animieren hinzulaufen. Da ist es ausgesprochen praktisch, wenn der Vierbeiner nun rasch Ihr »Sitz und Bleib« befolgt und Sie zu dem Kind gehen und ihm wieder auf die Beine helfen können.

Sicher begegnen Ihnen im Lauf der Zeit noch viele weitere Gelegenheiten, in denen das Bleiben im Sitzen nützlich ist!

Üben mit anderen Hunden: Beide Teams stellen sich nebeneinander und lassen die Hunde bei Fuß sitzen.

▶ Nun entfernen sich beide Zweibeiner in die gleiche Richtung – nach vorn von den Hunden weg.

▶ Nach einigen Metern drehen Sie sich zu den Hunden um. Warten Sie jetzt ein paar Momente, bis die Hunde ruhig sitzen.

▶ Jetzt wird es spannend: Ihr Trainingspartner ruft seinen Hund, Ihrer bleibt sitzen. Auch bei dieser Übung gibt es eine ziemliche »Sogwirkung«, denn der zweite Hund läuft schnell zu seinem Menschen, und auch Sie stehen in derselben Richtung.

▶ Beobachten Sie Ihren Hund gut. Im Falle eines Falles heißt es: Arm hoch, »Sitz« und mit großen Schritten auf den Hund zugehen. Wiederholen Sie die Übung mit denselben Rollen.

▶ Erst wenn Ihr Hund entspannt sitzen bleibt, tauschen Sie beim nächsten Mal die Rollen.

Wenn es nicht klappt: Ist der Hund zu energiegeladen? Beherrscht er die vorangegangenen Stufen wirklich gut? Sie sind eine wichtige Voraussetzung, damit diese Übung klappt.

Denken Sie an die Pause zwischen den einzelnen Schritten einer Übung. Warten Sie einen Moment, bevor Sie freudig zur Ablenkungsperson gehen. Wenn Sie den Hund eben erst haben bei Fuß sitzen lassen, reißt es ihn leicht mit. Verringern Sie die Intensität der Begrüßung, falls der Vierbeiner viel Temperament hat, und gewöhnen Sie ihn allmählich an mehr Action.

Gibt es Probleme beim Training mit einem Artgenossen, vergrößern Sie den Abstand zwischen den Vierbeinern. Reicht das nicht, entfernen Sie sich weniger weit von Ihrem Hund. Kommt Ihre körpersprachliche Reaktion zu spät, wenn der Hund im Begriff ist aufzustehen? Gehen Sie schon bei den kleinsten Anzeichen auf ihn zu.

Übung **1** Der Helfer lenkt den Vierbeiner ab.

Übung **2** »Hier« – und schon kommt er zu Ihnen.

Die Übung »Kommen auf Ruf«

Auch bei dieser Übung sind Sie nun am Ziel! Denken Sie daran, den Hund engagiert zu rufen und nicht in ruhigem Ton wie beim »Sitz« oder »Platz«. Ihr »Hier« klingt dabei bestimmt und keinesfalls wie eine Spielaufforderung. Wenn nötig, laufen Sie gleichzeitig weg.

Gezielt üben: Jetzt zeigt sich, ob das Kommen sitzt! Der Vierbeiner ist unangeleint. Eine Hilfsperson lockt ihn und hat Leckerchen so in der Hand, dass der Hund sie bemerkt, vielleicht auch daran lecken kann. Er wird aber nicht gefüttert.

► Sie entfernen sich nun zügig einige Meter. Eine ordentliche Portion Belohnungshappen haben Sie bereits parat.

► Jetzt rufen Sie den Hund oder pfeifen mit der Hundepfeife. Kommt er? Super! Sitzt er vor Ihnen, gibt es stimmliches Lob und die Extraportion Happen auf einmal. Dann nehmen Sie ihn wie gewohnt bei Fuß.

Umsetzung im Alltag: Üben Sie unterwegs in unterschiedlichem Gelände. Rufen Sie den Hund aus dem Bleiben im Sitzen zum Beispiel über einen Graben, durch einen Bach oder über Baumstämme. Das bringt Abwechslung und macht vielen Vierbeinern großen Spaß!

Im alltäglichen Leben ist promptes Kommen oft gefragt. Sie gehen spazieren, da biegt zum Beispiel plötzlich eine Gruppe Kindergartenkinder um die Ecke – für vierbeinige Kindernarren ein Begrüßungsanlass, für misstrauische Hunde eher ein Grund zur Verbellattacke. Jetzt kommt es darauf an, den Hund sofort zu rufen und möglichst nicht erst, wenn er schon im Laufen ist. Auch hier bekommt er eine Extrabelohnung, sobald er da ist und vor Ihnen sitzt. Leinen Sie ihn gleich an, damit er bei Ihnen bleibt. Anschließend nehmen Sie ihn wie gewohnt bei Fuß.

Üben mit anderen Hunden: Drei Mensch-Hund-Teams gehen in einem nicht zu großen Bereich durcheinander bei Fuß. Nun lassen Sie Ihren Hund sitzen und gehen einige Meter weg.

Übung **3** Von hinten nahen fröhliche Kinder.

Übung **4** Sie rufen den Vierbeiner zu sich.

Warten Sie mindestens eine halbe Minute und rufen Sie ihn dann zu sich. Je nachdem, wo die anderen gerade gehen, muss er sich seinen Weg an ihnen vorbei oder drum herum suchen und allen »Verführungen« eines Zwischenstopps widerstehen. Klar, dass jetzt eine dicke Belohnung fällig ist!

Wenn es nicht klappt: Leichter wird es, wenn die Hilfsperson den Hund zunächst ohne Futter ablenkt. Kommt er auch dann nicht, sind Stimme und Körpersprache noch verbesserungsfähig. Oder entfernen Sie sich zu langsam? Sie kommen gar nicht dazu, ihn zu rufen, weil der Vierbeiner Ihnen sofort von selbst folgt? Gratulation! Bei Problemen im Alltag rufen Sie eventuell zu spät und/oder auch zu wenig engagiert. Oder warten Sie auf ihn? War die Ablenkung schon zu nah? Rufen Sie ihn früher. Ist das nicht möglich, stoppen Sie ihn und holen ihn dort ab. Beim Üben mit anderen Teams sollten diese zunächst mehr Abstand zu Ihrem Hund halten. Achten Sie auf Körpersprache und Stimme! Lesen Sie dazu auch Seite 110/111 und Seite 126/127.

Übung **5** »Hier« durch sich bewegende Teams.

Übung **1** Fester Schritt und Blick nach vorn.

Übung **2** Zögern überträgt sich auf den Hund.

Die Übung »Bei Fuß ohne Leine«

Beginnen Sie mit dieser Übung erst, wenn das Bei-Fuß an der Leine perfekt klappt. Üben Sie in einer Umgebung, in der den Hund nichts ablenkt. Beginnen Sie mit Strecken von wenigen Metern, die dann allmählich länger werden.

Gezielt üben: Um den Vierbeiner einzustimmen, gehen Sie zuerst angeleint bei Fuß. Bauen Sie die eine oder andere 90-Grad- oder 180-Grad-Wendung ein. Auch rechtsherum, wie auf Seite 34 beschrieben.

▶ Hat das geklappt, bleiben Sie stehen, der Hund sitzt bei Fuß.

▶ Nun leinen Sie ihn ab. Die Leine hängen Sie sich zum Beispiel um oder stecken sie in die Tasche.

▶ Gehen Sie mit »Fuß« los, und zwar genauso souverän, als wäre der Hund angeleint. Wenn Sie zögerlich losgehen, um sich zu vergewissern, ob der Hund auch mitkommt, überträgt sich das auf ihn.

▶ Sie können den Hund während des Gehens ab und zu mit »rutschigen«, weichen Happen, die er nicht kauen muss, belohnen. Denn wenn er kaut, kann er sich nicht konzentrieren.

Variante: Läuft Ihr Hund in normalem zügigem Tempo perfekt ohne Leine bei Fuß, üben Sie Tempowechsel. Werden Sie ganz langsam, Hörzeichen ist ein ruhiges »Fuuuß«. Und auch mal schneller, mit einem deutlich motivierenden Tonfall. Wenn Sie stehen bleiben, sagen Sie zu Beginn Ihres letzten Schrittes »Sitz«. Dann ist der Hund an Ihrer Seite.

Umsetzung im Alltag: Nehmen Sie den Hund zunächst nur bei leichter Ablenkung frei bei Fuß.

Der Hund läuft am besten an der Außenseite, sodass Sie zwischen der Ablenkung und dem Vierbeiner gehen. Sollte er an Ihnen vorbei auf die andere Seite tendieren, drängen Sie ihn mit Ihrem äußeren Bein an seiner Schulter nach außen. Auch bei noch geringer Ablenkung ist es sehr wichtig, dass Sie souverän sind. Sowohl durch die Körpersprache (entschlossene

Übung 3 Souverän an der Ablenkung vorbei.

Übung 4 Beide außen, einer ist frei bei Fuß.

Bewegungen, keine Konzentration auf die Ablenkung) als auch durch einen festen, bestimmten Tonfall.

Üben mit anderen Hunden: Beginnen Sie auch hier mit den angeleinten Hunden. Dann wird nur einer abgeleint bei Fuß geführt. So ist das Risiko gebannt, dass womöglich beide plötzlich durchstarten. Gehen Sie zunächst nur kurze Strecken. Anfangs nebeneinander, dann auch mit »Gegenverkehr«. Dabei laufen die Hunde außen. Klappt das, laufen sie auch innen, aber mit Abstand. Mal langsam, mal schnell.

Wenn es nicht klappt: Vermeiden Sie, das Hörzeichen wiederholt zu nennen, es nützt sich sonst ab. Ziehen Sie den Hund nicht am Halsband an Ihre Seite, da er sonst ausweicht. Klappt bei Fuß an der Leine noch nicht? War der Hund beim Losgehen unkonzentriert? War die Strecke zu lang? Sind Sie zögerlich losgegangen und haben auf den Hund geschaut? Wurden Sie unsicher, etwa weil eine Ablenkung des Weges kam? Ist beim gemeinsamen Training der Abstand zum zweiten Hund zu gering?

Übung 5 Beide Vierbeiner laufen innen.

Trainings-
programm für
Stufe 6

Nun geht es in den Endspurt! Sie haben verschiedene Varianten der Übungen kennengelernt und trainiert. Doch gewiss fallen Ihnen im Lauf der Zeit noch weitere ein. Nun sind Sie und Ihr Vierbeiner sowohl für den Alltag als auch für weitergehende Beschäftigungen mit dem Hund bestens gewappnet. Durch das Trainieren und dem damit verbundenen Kommunizieren kann Ihr Hund nicht nur einiges, sondern Sie haben ihn noch besser kennen- und einschätzen gelernt. Neben dem Üben braucht der Hund aber auch Freiraum und Kontakt zu Artgenossen. Doch wie viel ist richtig?

Wie viel Freiraum für den Hund?

Muss der Hund auch frei laufend immer neben oder hinter seinem Menschen gehen? Muss er zu Hause immer auf demselben Platz liegen? Darf er sich unterwegs gar nicht selbst beschäftigen? Das sind Fragen, die sich so mancher Halter eines Vierbeiners angesichts verschiedenster Literatur und Fernsehbeiträge stellt. Doch wie bei vielem rund ums Thema Hundeerziehung hängen auch diese Dinge vom Hund ab.

Der feste Platz

Jeder Hund braucht einen Platz, an dem sich sein Bett befindet. Den suchen Sie aus. Dort schläft er meist, und dort kann er abgelegt werden, wenn etwa ein Handwerker im Haus ist. Tagsüber spricht nichts dagegen, dass sich ein »normaler« Hund selbst aussucht, wo er liegen möchte – sofern er nicht gerade Ihr Bett oder Sofa wählt, wenn Sie ihn dort verständlicherweise nicht haben möchten. Ist es warm, ruht mancher Vierbeiner lieber auf kühlem Steinboden als auf einem Hundebett. Trotzdem muss er nachts oder wenn er allein zu Hause bleibt, nicht die ganze Wohnung zur Verfügung haben. Da reicht der Bereich, in dem sein Bett steht.

Anders sieht es aus, wenn der Hund unerwünschte Verhaltensweisen zeigt. Sehr wachsame Vierbeiner liegen oft gern an der Wohnungstür. Dadurch haben sie einen strategisch wichtigen Bereich unter Kontrolle und überschreiten dabei leicht ihre Kompetenz. Denn wer hereindarf und wer nicht, bestimmt immer noch der Mensch. Dann ist dieser Liegeplatz tabu. Er wird durch dort platzierte Gegenstände unzugänglich gemacht. Oder man stört den Hund, sobald er sich hier niederlässt, durch lästiges Wischen direkt auf ihn zu. Das Bett kommt in einen entfernteren Bereich. Ein fester Liegeplatz ist auch dann ratsam, wenn der Hund extrem »klebt« oder kontrolliert, also seinem Menschen auf Schritt und Tritt folgt, ihn ständig im Auge behält und/oder keine Ruhe findet. Dann ist Entspannung auf einem festen Platz angesagt (→ Seite 20).

Nicht auf seinen Platz geschickt wird der Hund, wenn er allein zu Hause bleibt. Zum einen können Sie gar nicht überprüfen, ob der Vierbeiner dort bleibt, zum anderen finde ich persönlich, dass damit zu viel von ihm verlangt wird.

Der Spaziergang

Bei einem »normalen« Hund jenseits des Welpenalters, der frei laufend von selbst im näheren Bereich seines Menschen bleibt und im Falle eines Falles auf Ruf kommt, spricht überhaupt nichts dagegen, dass er vorausläuft oder auch mal hinten bleibt, schnüffelt, markiert usw. Auch bei den Wölfen läuft nicht immer das Leittier voraus. Zudem möchte und muss ein aktiver Hund sich auch austoben können. Das geht nicht, wenn er immer nur gemütlich neben oder gar hinter seinem Menschen herlaufen muss. An der Leine dagegen sollte nicht geschnüffelt oder markiert werden. Gehen Sie einfach beharrlich weiter. Denn sonst bürgert sich rasch das Zerren an der Leine ein.

Ist der Vierbeiner jedoch ausgesprochen eigenständig oder hat noch nicht gelernt, sich an seinem Menschen zu orientieren, sieht die Sache anders aus. Dann verlaufen Spaziergänge besser so, wie auf Seite 126 beschrieben – falls nötig auch mit Handfütterung. Der Hund darf solange nicht vorauslaufen. Für einen solchen Vierbeiner müssen Sie überraschend bleiben und natürlich grundsätzlich an Ihrer Führung arbeiten. Ihr Vierbeiner bekommt nur wenig Freiraum unterwegs. Jedes Mal, wenn er seine Aufmerksamkeit auf etwas anderes als auf Sie richtet, sind Sie – und mit Ihnen gegebenenfalls das Futter – auch schon wieder weg …

Wie viel Beschäftigung muss sein?

Auch wenn jeder Vierbeiner ein individuelles Maß an sinnvoller mentaler Auslastung braucht – auf dem Spaziergang dürfen der Hund und Sie auch mal die Seele baumeln lassen. Der gemeinsame Ausflug muss nicht vom ersten bis zum letzten Schritt mit Übungen ausgefüllt sein. Es kommt auch hier wieder auf den Hund an und wie viel Beschäftigung er

Manchmal liegen Hunde lieber auf dem kühlen Boden statt auf dem Hundebett. Gibt es keine Probleme, spricht nichts dagegen.

braucht. Gehorsamstraining sollte jeder Spaziergang enthalten – besonders solange der Hund noch in der Ausbildung ist und alles gefestigt werden muss. Üben Sie nicht immer an denselben Stellen und auch nicht auf bestimmten Strecken gar nicht. Das Training wird sonst langweilig, und die Übungen funktionieren dann auch nur an diesen Stellen gut.

Aktive Vierbeiner, die sich sehr an anderen Reizen, wie etwa Wildwitterung, orientieren, brauchen unterwegs mehr Beschäftigung, um ihren Tatendrang in geordnete Bahnen zu lenken. Dazu gehören viele Gebrauchshunderassen. Einem gemütlichen Vierbeiner dagegen geht sein Mensch mit ständigen Bespaßungsideen leicht auf die Nerven. Hier gilt es, einige wenige spannende und kurze Einheiten einzustreuen, und auch die nicht auf jedem Spaziergang. Wenn Sie mit ihm beim nächsten Spaziergang etwas Bestimmtes üben möchten, verschaffen Sie dem Hund vorher mindestens eine Stunde lang Ruhe ohne Zuwendung. Das erhöht die Motivation.

Wie viel Kontakt mit Artgenossen?

Wenn Hunde miteinander spielen, freut sich der Mensch! Doch wie oft muss der Vierbeiner spielen? Er muss gar nicht! Sie sind in erster Linie seine Bezugsperson und auch sein Sozialpartner. Gelegentlicher, passender Hundekontakt ist ausreichend. Aber selbst längere Phasen ohne jeden Hundekontakt schaden Ihrem Hund nicht. Auch beim gemeinsamen Training mit einem anderen Hundehalter müssen die Vierbeiner nicht spielen, weder am Anfang noch zum Schluss.

Unterschiedliche Kontaktfreudigkeit: Manchen Hunden sind Artgenossen weniger wichtig, andere gieren danach. Letzteres nicht selten deshalb, weil von klein auf keine Gelegenheit zum Toben ausgelassen wurde und der Hund dadurch auf Artgenossen fixiert ist. Gleich, welcher Typ Ihr Vierbeiner ist, täglichen Hundekontakt braucht er nicht und auch keine Gruppen zum Austoben. Gerade in Gruppen ist nicht alles Spiel. Kleinere oder sensiblere Hunde sind leicht überfordert, wenn mehrere große mit ihnen »spielen«. In Gruppen wird auch gern gemobbt und das Opfer zu mehreren gejagt und bedrängt. Das sollten Sie vermeiden.

Hausgemachte Probleme verhindern: Meist ergeben sich Kontakte zufällig beim Spaziergang. Mal bleibt man stehen, wenn die Hunde ein wenig spielen möchten. Oder man geht einfach weiter. Dann folgen die Vierbeiner nach kurzem Kontakt ihren Zweibeinern. Das reicht und funktioniert, falls Ihr Hund gewohnt ist, sich an Ihnen zu orientieren. Wer aber bei jedem Hundekontakt wartet, bis der eigene Vierbeiner fertig mit Spielen oder Begrüßen ist, riskiert, dass sein Hund nicht mehr auf ihn achtet. Dann ist eine Änderung des eigenen Verhaltens notwendig. Gehen Sie einfach zügig weiter. Das kann reichen, wenn der Vierbeiner ansonsten darauf achtet, wo Sie sind.

Startet Ihr Hund beim Anblick von Artgenossen durch, und sind Sie dann »Luft« für ihn? Die Wurzel des Übels liegt oft darin, dass der Hund zerrend in der Leine hängt und dann schnell abgeleint wird. So lernt er: »Wenn ich mich richtig aufrege, bin ich ruck, zuck am Ziel.« Meiden Sie in nächster Zeit Hundekontakte und arbeiten Sie daran, dass Ihr Vierbeiner Sie unterwegs im Auge behält (→ Seite 126). Außerdem ist geordnetes Ableinen Pflicht. Ist weiter weg ein Spielkamerad und Sie möchten Ihrem Hund Kontakt erlauben, lassen Sie ihn sitzen, leinen ihn ab und fordern Blickkontakt. Nur wenn er ruhig sitzt und Sie anschaut, kommt die Erlaubnis.

Auf die Qualität kommt es an: Nicht jeder Artgenosse passt zu Ihrem Hund. Für kleinere Hunde können größere stürmische Artgenossen zu heftig sein, Hündinnen werden so manchen »lüsternen« Rüden nicht von selbst los. Besonders bei Welpenbegegnungen sollten Sie rücksichtsvoll sein. Auch

Trainingsplan Stufe 6

Zunehmend werden Sie die meisten Übungen in den Alltag übertragen. Schleichen sich Ungenauigkeiten ein, trainieren Sie entsprechende Übungen jedoch wieder schwerpunktmäßig.

Übungen	Wie oft?
Hinten gehen	mehrmals wöchentlich und bei Bedarf
Warten im Auto	2-mal wöchentlich und bei Bedarf
Platz	mehrmals wöchentl.; bei Bedarf
Zweite Bei-Fuß-Seite	jeden zweiten Tag
Bleiben im Platz	mehrmals wöchentl.; bei Bedarf
Leinenführigkeit	immer, wenn nötig
Bei Fuß ohne Leine	mehrmals wöchentlich
Bleiben außer Sicht	mehrmals wöchentl.; bei Bedarf

wenn Ihr relativ großer Vierbeiner »nur spielen« möchte, ist ein Welpe zu wenig »stabil« und ein fremder, stürmischer Hund aus seiner Sicht eine Bedrohung. Es gibt außerdem keinen Welpenschutz. In der Natur gilt dieser nur für die Welpen des eigenen Rudels. Ein seinesgleichen gegenüber respektloser Junghund profitiert jedoch von ausgesuchten Kontakten. Verträgliche, souveräne erwachsene Hunde werden ihn in die Schranken weisen und ihn so zu mehr Respekt gegenüber Artgenossen erziehen.

Übung **1** Helfer kommen, Hund läuft hinten.

Übung **2** Hund rechtzeitig nach hinten nehmen.

Die Übung »Hinten gehen«

Zum Abschluss wird auch hier die Schwierigkeit nochmals erhöht. So können Sie diese Übung jetzt auch im Alltag bei anspruchsvolleren Begegnungen einsetzen. Nützlich ist diese Übung aber nur, wenn sie wirklich gut gefestigt ist, Sie Ihren Hund möglichst nicht mehr korrigieren müssen. Also immer Schritt für Schritt trainieren!

Gezielt üben: Läuft der Vierbeiner nun ohne Korrekturen hinter Ihnen, engagieren Sie ein, zwei Familienmitglieder oder Freunde als Helfer beim Üben.

▶ Suchen Sie sich einen ruhigen Weg. Ob schmaler oder breiter, entscheiden Sie danach, wie sicher Sie sich in Bezug auf das Gelingen der Übung fühlen. Denn sind Sie selbst zögerlich und unsicher, zeigt sich das in Ihrer Körpersprache und Stimme. Entsprechend reagiert Ihr Vierbeiner, und dann geht die Übung leicht schief.

▶ Ihre Helfer stellen sich stumm an den Wegrand. Sie gehen nun aus einer größeren Entfernung auf sie zu, damit der Hund zuerst ohne jegliche Ablenkung eine Strecke hinter Ihnen geht und so auf die Übung eingestimmt wird.

▶ Wenn Sie an Ihren Helfern vorbeigehen, sagen Sie nichts zu ihnen und verringern Sie Ihr Tempo nicht. Also schön souverän weitergehen!

▶ Mehrere Meter danach belohnen Sie den Hund und beenden die Übung.

▶ Klappt das, bleiben die Helfer in derselben Position, unterhalten sich aber, während Sie samt Vierbeiner vorbeigehen.

▶ Ist auch diese Variante kein Problem, kommen die Helfer Ihnen entgegen, und Sie alle gehen aneinander vorbei. Dabei reden die Helfer anfangs nicht miteinander.

▶ Klappt das Training »stumm«, unterhalten sich die Helfer nun. Auch der Abstand, mit dem Sie an ihnen vorbeigehen, beeinflusst den Schwierigkeitsgrad.

Umsetzung im Alltag: Wer gern wandert oder Bergtouren unternimmt, wird die Übung häufiger brauchen können. Etwa auf einem schmalen Weg, auf dem es auf einer Seite abschüssig ist oder der Weg zusätzlich durch größere Steine schwierig zu be-

Übung **3** Und so trotz Enge entspannt überholen.

Übung **4** Beide Vierbeiner bleiben hinten.

gehen ist. Hier ist es sicherer, wenn der Vierbeiner gelassen hinter Ihnen bleibt. Nach vorn haben Sie die Sicht auf eventuellen »Gegenverkehr« frei und können sich auf den Weg konzentrieren.

Auf Wanderungen ist man meist nicht allein. Hier ist ein Beispiel aus der Praxis: Sie sind auf einem schmalen Wanderweg mit kaum Ausweichmöglichkeit unterwegs, Ihr Hund läuft voraus. Da taucht weiter vorn eine Personengruppe mit kleineren Kindern auf, die ziemlich langsam geht. Sie rufen Ihren Hund und nehmen ihn hinter sich. So machen Sie beide sich schmal und können die Gruppe leicht und zügig überholen.

Auch im »realen« Leben wird der Hund für besondere Leistungen belohnt. Läuft er also an einer solchen Gruppe, die »länger« und aktiver ist als etwa eine Einzelperson, brav hinter Ihnen her, ist das eine tolle Leistung. Sind Sie weit genug vorbei, gibt es eine große Portion Happen!

Üben mit anderen Hunden: Anfangs stehen Sie und Ihr Trainingspartner sich gegenüber, die Hunde sitzen bei Fuß. Nun nehmen Sie beide die Hunde nach hinten, danach unterhalten Sie sich. Wählen Sie zunächst einen schmalen Weg. So können Sie Ihren Hund besser zurückdrängen, falls er nach vorne drängelt. Wenn das funktioniert, geht jeweils einer von Ihnen mit seinem Hund hinter sich an dem Trainingspartner vorbei. Der bleibt mit seinem Vierbeiner bei Fuß am Wegrand stehen. Klappt auch das, gehen Sie beide mit den Hunden hinter sich aufeinander zu und auch aneinander vorbei. Bleibt Ihr Vierbeiner auch noch hinter Ihnen, wenn Ihr Trainingspartner vor Ihnen mit seinem Hund spielt oder Sie gar daran vorbeigehen können, haben Sie ein hohes Level erreicht. Dann hilft Ihnen diese Übung auch in brenzligen Situationen, etwa wenn ein unfreundlicher Artgenosse auf Ihren Hund Kurs nimmt.

Wenn es nicht klappt: Ist Ihre Körpersprache zu wenig eindeutig? Oder reagieren Sie zu spät, sodass der Hund schon zu weit an Ihnen vorbeikonnte? Sind Sie nervös? Haben Sie zu früh ohne Leine geübt? Lassen Sie den Hund angeleint, dann können Sie ungewollte Erfolge vermeiden. Bleiben Sie gelassen, aber konzentriert. Ist der Abstand zur Ablenkung zu nah? Vergrößern Sie ihn so weit, dass der Hund sie aushält.

Warten im und am Auto

Zur Auffrischung: Damit diese Übung zuverlässig klappt, dürfen sich keine »Schlampereien« einschleichen. Lassen Sie den Hund also nicht zwischendurch nach seinem Gutdünken aussteigen und vergessen Sie nicht, ihn rasch wieder zurück zu befördern, falls er Ihnen einmal ohne Erlaubnis aus dem Auto entwischt. Dann klappt es auch mit den nun folgenden Übungs-Steigerungen.

Gezielt üben: Hier brauchen Sie wieder einen Helfer. Der Hund ist im Auto, die Heckklappe offen. Sie haben sein Lieblingsspielzeug in der Hand.

▶ Die Hilfsperson und Sie stehen sich am Heck gegenüber und werfen das Spielzeug einige Male hin und her. Behalten Sie den Hund dabei unauffällig im Auge, damit Sie bei ersten Anzeichen eines Fehlstarts sofort reagieren können. Je mehr Abstand zwischen Ihnen und der Hilfsperson ist, umso länger ist die Flugbahn des Spielzeugs und umso verlockender kann das für den Hund sein. Beginnen Sie daher mit weniger Abstand.

Umsetzung im Alltag: Es ist Wochenende, schönes Wetter, und Sie fahren mit dem Hund ins Grüne. Diese Idee haben aber nicht nur Sie, und entsprechend frequentiert ist der Parkplatz. Aber durch das bisherige Training ist das kein Problem. Das Auto ist offen, und Sie ziehen noch Ihre Wanderschuhe an, die im Heck stehen. Auf dem Parkplatz sind verschiedenste Leute unterwegs – Spaziergänger, Mountainbiker oder auch jemand mit angeleintem Hund. Werfen Sie während des Wechselns der Schuhe immer wieder mal einen Blick auf Ihren Vierbeiner, damit Sie gleich erkennen, wenn etwas zu sehr seine Aufmerksamkeit erregt. Dann stellen Sie sich sofort mit einem tiefen Räuspern oder Ähnlichem frontal vor ihn, bis er wieder entspannt ist. Sind Sie fertig und verhält der Hund sich ruhig, leinen Sie ihn an und lassen ihn aussteigen.

Übung 1 Ballspiel bei offener Heckklappe.

Übung 3 Spielender Vierbeiner dicht am Auto.

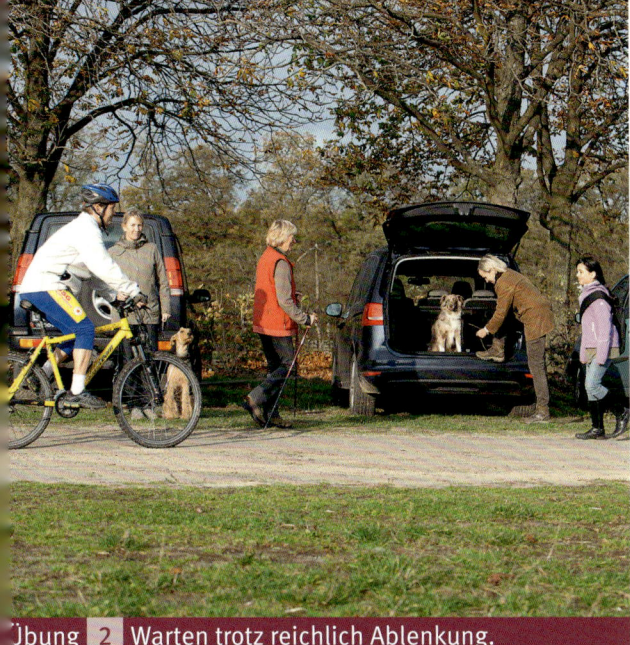

Übung 2 Warten trotz reichlich Ablenkung.

Üben mit anderen Hunden: Auch hier wird es bei dieser Übung noch mal »knackig« für Sie und Ihren Vierbeiner.

▶ Sie öffnen die Heckklappe, Ihr Trainingspartner geht mit seinem Hund in der Nähe herum.

▶ Bleibt Ihr Hund entspannt, beginnt Ihr Trainingspartner nun mit seinem Hund zu spielen. Immer noch alles ruhig im Heck?

▶ Dann gehen Sie jetzt zur hinteren oder zur Fahrertür und holen noch irgendetwas aus dem Auto. Ein spannender Test, ob das Warten im Auto sitzt – denn jetzt könnten Sie nicht rechtzeitig eingreifen.

▶ Läuft alles rund, lassen Sie Ihren Hund nun aussteigen und sitzen. Ob Sie ihn dazu anleinen oder nicht, entscheiden Sie nach »Sicherheitsgefühl«. Während des Aussteigens ist das andere Mensch-Hund-Team noch immer am Spielen.

▶ Möchten Sie zusammen spazieren gehen, nehmen Sie die Hunde erst ein Stück bei Fuß. Erst dann dürfen sie frei laufen.

Wenn es nicht klappt: Haben alle Vorstufen funktioniert, dann entschärfen Sie die Reize zu Beginn. Werfen Sie sich das Spielzeug beispielsweise nicht gleich zu, sondern werfen Sie oder der Helfer es ein paar Mal hoch und fangen es wieder. Achten Sie dabei auf ruhige Bewegungen. Auch wenn es zu nah am Hund vorbeifliegt oder zu lange hin und her geworfen wird, kann das anfangs zu verführerisch sein. Ebenso ist es mit der Entfernung zum spielenden Artgenossen und auch mit der Intensität des Spiels.

Wenn das Schuhewechseln am Parkplatz nicht klappt, dann war der Hund wahrscheinlich schon bei der beschriebenen Variante auf Seite 92/93 nicht relaxed. Also einen Schritt zurückgehen. Oder es ist etwas für ihn außergewöhnlich Reizvolles auf dem Parkplatz zu sehen, etwa eine Katze oder lachende, laufende Kinder. In diesem Fall warten Sie mit dem Schuhewechseln, bis dieser Reiz vorbei ist, und konzentrieren sich darauf, den Hund so zu blockieren, dass er nicht aussteigt.

Übung 4 Trotzdem sitzen beim Aussteigen.

Die Übung »Platz«

Auch beim Platz desensibilisieren Sie den Hund weiter. Aber erst dann, wenn die Übung im gezielten Training gut klappt, nutzen Sie entsprechende Alltagssituationen, die sich dafür anbieten. Achtung: Auflösen der Übung nie vergessen!

Gezielt üben: Sie brauchen einen Helfer und das Lieblingsspielzeug Ihres Hundes – ersatzweise einen leckeren Kauartikel.

► Legen Sie den Vierbeiner an Ihrer Seite ins Platz. Die andere Person steht Ihnen gegenüber.

► Liegt der Hund entspannt, werfen Sie Ihrer Hilfsperson das Spielzeug zu. Ein direkt vom Hund wegfliegendes Objekt reizt zum Jagen, und Ihre nach vorn gerichtete Bewegung fördert das noch zusätzlich. Je actionreicher Sie die Übung gestalten, desto schwerer wird sie für den Hund.

► Klappt das Platz einige Male problemlos, fangen Sie das Spielzeug nicht, sondern lassen es zu Boden fallen.

► Behalten Sie den Hund dabei im Auge. Haben Sie Zweifel, ob er liegen bleibt, wiederholen Sie »Platz« kurz, bevor das Spielzeug landet.

► Und jetzt kommt noch ein weiterer »Kick«. Nun heben Sie das Spielzeug auf. Je plötzlicher Sie aus dem ruhigen Stehen nach dem Spielzeug greifen und so etwas nach vorne »stürzen«, umso »mitreißender« wirken Sie auf den Vierbeiner.

Variante: Die folgende Variante ist eine Art Mischung zwischen dem Platz und der Bleib-Übung im Platz. Sie bleiben dabei zwar dicht am Hund, aber nicht immer an derselben Stelle.

► Liegt der Vierbeiner ein paar Momente ruhig neben Ihnen, beginnen Sie über ihn zu steigen, von der einen auf die andere Seite und wieder zurück.

► Aus dem Darübersteigen kann auch ein Darüberspringen werden, wenn der Hund auf die einfache Variante völlig gelassen reagiert.

Übung 1 Werfen Sie sich den Ball zu.

Umsetzung im Alltag: Gibt es in Ihrer Umgebung eine Parkbank in einem frequentierten Naherholungsgebiet mit Spaziergängern, Joggern, Skatern, Fahrradfahrern usw.? Setzen Sie sich an ein Ende der Bank und legen Sie Ihren Vierbeiner dicht neben sich ins Platz.

► Lassen Sie die Leine so kurz, dass sie zwar nicht straff ist, der Hund aber im Falle eines Fehlstarts auf keinen Fall zur Gefahr für einen Freizeitsportler werden kann. Behalten Sie ihn im Blick, wenn sich jemand nähert.

► Bleibt der Hund angesichts der Ablenkung gelassen oder signalisieren Ohren und Körperhaltung Anspannung? Ist der Vierbeiner angespannt, wiederholen Sie das »Platz« in einem ruhigen, aber bestimmten Ton.

► Beenden Sie die Übung, wenn gerade niemand in Ihrer Nähe unterwegs ist.

Schwierigkeitsgrad steigern: Nun fordern Sie auch während der Ablenkung das Platz. Lassen Sie den Vierbeiner an der Leine

Übung **2** Den Ball verfehlt, er fällt zu Boden.

Übung **3** Schnell heben Sie ihn wieder auf.

sitzen oder ganz ohne »Anweisung«. Dann kann er auch stehen oder im Radius der Leine schnüffeln.

Wenn sich nun etwas »Verführerisches« wie etwa ein Jogger mit Hund oder laufende Kinder nähern, sagen Sie »Platz«, sobald Sie bemerken, dass der Hund es registriert hat.

Je näher die Ablenkung schon ist, umso anspruchsvoller wird die Übung. Sitzt er bereits bei Fuß, ist die Übung einfacher, als wenn der Vierbeiner gerade »frei« hat.

Üben mit anderen Hunden: Ihr Trainingspartner-Team und Sie stehen sich gegenüber, die Hunde sitzen bei Fuß. Die Entfernung zueinander ist mindestens so groß, dass sich, wenn die Vierbeiner im Platz liegen, die Vorderpfoten nicht berühren.

► Bleiben Sie eine Zeit lang in dieser Position stehen. Ist das für die Vierbeiner kein Problem, unterhalten Sie sich angeregt und gestenreich.

► Beendet wird die Übung einzeln. Also zuerst lässt einer der Zweibeiner seinen Hund sitzen, dann erst der zweite. Für den, der länger liegen bleibt, ist der sich aufsetzende Artgenosse samt der entsprechenden Aktivität seines Besitzers ebenfalls ausgesprochen verlockend, um nun auch das Platz zu beenden. Also aufpassen!

► Wenn Sie die Übung jetzt wiederholen, werden die Rollen beim Beenden getauscht.

Variante: Bei dieser Variante stellen Sie und Ihr Trainingspartner sich so nebeneinander, dass auch die beiden Hunde direkt nebeneinanderliegen. Werden beide Hunde auf der gleichen Seite bei Fuß geführt, liegen sie dann Kopf an Schwanz nebeneinander. Führt einer den Hund links, der andere rechts, liegen sie in derselben Richtung. Je näher die Vierbeiner beieinanderliegen, umso höher ist der Schwierigkeitsgrad.

► Ein Tick mehr Action kommt in die Übung, wenn beide Teams nicht schon nebeneinander- oder sich gegenüberstehen, sondern nur ein Hund neben seinem Menschen liegt. Der andere kommt seitlich oder von vorn auf Sie zu und legt den Hund

143

Übung 4 | Platz trotz nahen Bewegungsreizen.

Übung 5 | Schwierig – Platz mit wenig Abstand.

dann ins Platz. Auch diese Variante trainieren Sie mit vertauschten Rollen. Wenn das klappt, wird Ihr Hund bei Ausflügen in den Biergarten oder im Urlaub neben dem Strandkorb am Hundestrand auch dann gelassen bleiben, wenn ein Artgenosse am selben Tisch oder am nächsten Strandkorb liegt.

Wenn es nicht klappt: Für anspruchsvolle Platz-Übungen ist überschüssige Energie zumindest zum Einstieg ungünstig. Lassen Sie den Hund vorher also etwas laufen. Stimmen Sie ihn außerdem durch ein paar einfachere Übungen wie Bei-Fuß, Schau oder Sitz auf das Training ein.

Passen Sie die Abstände zu Ablenkungsreizen Ihrem Hund entsprechend an. Wird der Vierbeiner von den Bewegungen »mitgerissen«? Gewöhnen Sie ihn auch hier durch individuell angepasste Steigerung der Aktivität daran. Ein Couch-Potato wird bereits anfangs schon deutlich mehr aushalten als etwa ein Temperamentsbolzen.

Aber auch, wenn die Übung normalerweise klappt, kann es sein, dass der Vierbeiner etwa bei einem besonders unwiderstehlichen Reiz aufsteht. Dann kann eine Korrektur über negative Verstärkung helfen. Sobald der Hund im Platz liegt, stellen Sie sich so auf die Leine, dass sie im Liegen locker ist, der Hund beim unerlaubten Aufstehen aber maximal unbequem sitzen kann. So wird er sich gern wieder hinlegen. Lesen Sie dazu auch »Hundegerecht Grenzen setzen«, Seite 152/153.

Ein Vorteil dieser Methode ist jedoch, dass Ruhe in die Situation kommt. Anders als wenn man den Vierbeiner immer wieder ins Platz legt – womöglich noch mit Häppchen als Belohnung. So würde er lernen, dass Aufstehen sich lohnt.

Die Sache
mit dem Namen

Im ersten Kapitel haben Sie bereits gelesen, dass der Name des Hundes nicht vor jedem Hörzeichen gesagt werden soll. Denn dann klingt alles zu ähnlich für den Hund, und man verliert unter Umständen wertvolle Zeit, wenn man mit dem eigentlichen Kommando wartet, bis der Vierbeiner endlich herschaut. Aber es ist schlicht auch nicht notwendig. Bei richtigem Trainingsaufbau zeigt der Hund nämlich automatisch das Verhalten, welches er mit dem Hörzeichen verknüpft hat. Sie müssen ihn also nicht zuerst mit dem Namen ansprechen, damit er weiß, dass er gemeint ist. Hier denkt man zu sehr in menschlichen Dimensionen.

Wenn der Name »bremst«: Viele Hundehalter rufen ihren Vierbeiner nur oder zumindest zunächst mit dem Namen. Das Kommen kann nicht zuverlässig funktionieren, weil der Hund seinen Namen bei vielen anderen Gelegenheiten hört, die nicht im Entferntesten etwas mit dem Kommen zu tun haben, zum Beispiel beim Streicheln oder wenn Sie oder andere Personen einfach so mit ihm reden. Auf diese Weise kann für den Hund der Name nicht sofortiges Kommen bedeuten, auch wenn er vielleicht sogar ab und zu zu Ihnen läuft. Aber er soll doch sowieso zuerst schauen, denken Sie? Nein, er soll eigentlich auf der Stelle umdrehen und kommen, vor allem, wenn es »brennt«. Dazu ein Beispiel, das ich kürzlich selbst erlebt habe: Wir sind auf einem Weg, jenseits eines Ackers. Etwa 100 Meter entfernt ist eine

bekannterweise unverträgliche Hündin samt Frauchen unterwegs. Die Hündin sieht meine Hündin, verharrt kurz, Frauchen sagt leicht drohend »Bella«. Doch Bella gibt Gas und nimmt Kurs auf uns. Immer wieder ruft Frauchen »Bella«, was diese aber nicht im Geringsten interessiert. Statt des Namens ein »Sitz« oder »Hier« hätte dem Hund eine klare Anweisung vermittelt (sofern er die Übungen beherrscht), und er wäre unter Kontrolle gewesen. Spätestens aber nach dem Start hätte ein konditioniertes Rückrufsignal kommen müssen. Probieren Sie es aus: Nehmen Sie Ihren Hund an die Leine und sagen Sie einfach »Sitz«. Ihr Vierbeiner wird sich setzen, da er von Ihnen systematisch auf dieses Signal konditioniert wurde. Oder: Lassen Sie ihn sitzen und gehen Sie einige Meter von ihm weg. Bleiben Sie mit dem Rücken zum Hund stehen und sagen Sie »Platz« oder »Fuß«. Sie werden sehen, das klappt.

Der Hund will Spaziergänger begrüßen. Jetzt muss ein klares Rückrufsignal kommen, nicht nur der viel strapazierte Name.

Die Übung »Zweite Bei-Fuß-Seite«

Ihr Vierbeiner kann nun beide Seiten sicher unterscheiden. Falls Sie ihn auch mal am Fahrrad laufen lassen möchten, sollte er auf Straßen mit Autoverkehr zu Ihrer und seiner Sicherheit stets rechts laufen. Auch auf schmalen Bürgersteigen können Sie ihn jetzt auf der dem Verkehr abgewandten Seite führen. Klopfen Sie sich beim Hörzeichen stets mit der Hand ans Bein. Dann lernt der Hund beide Signale. Anfangs gibt es noch Belohnungshäppchen, die Sie nach und nach reduzieren.

Gezielt üben: Wenn der Vierbeiner aus dem Sitzen ohne Zögern von einer auf die andere Seite wechseln kann, trainieren Sie das nun aus der Bewegung – und zuerst an der Leine.

▶ Lassen Sie den Hund bei Fuß (angenommen links) sitzen.

▶ Nun gehen Sie los, die Leine halten Sie in der linken Hand. Wichtig ist, dass Ihr Vierbeiner aufmerksam bei Fuß läuft.

▶ Gehen Sie zunächst eine gewisse Strecke ohne Wechsel, bis der Hund wirklich konzentriert läuft.

▶ Nun sagen Sie Ihr Wort für die zweite Seite, klopfen sich mit der rechten Hand ans Bein und wechseln dann die Leine auf dem Rücken in die rechte Hand. Jetzt sollte der Hund an Ihrer rechten Seite sein.

▶ Nun bekommt er noch im Gehen einen Belohnungshappen, den Sie entweder griffbereit in der Tasche haben oder schon vorher unbemerkt in der Hand hatten.

▶ Wiederholen Sie das Wechseln ein paar Mal.

Schwierigkeitsgrad steigern: Wechselt der Vierbeiner an lockerer Leine von einer auf die andere Seite, trainieren Sie nun ohne Leine. Beginnen Sie wieder wie oben, der Hund sitzt also bei Fuß. Nun gehen Sie los und achten auch jetzt darauf, dass Ihr Hund sich auf Sie konzentriert. Dann kommt Ihr Signal, und der Vierbeiner wechselt hintenherum auf die andere Seite. Auch dafür hat er sich ein Häppchen verdient!

Umsetzung im Alltag: Wenn Sie sich mit dem Wechseln aus dem Gehen und ohne Leine ins »wirkliche Leben« stürzen, dann zuerst in einer Umgebung mit wenig Ablenkungen.

Sie gehen mit dem Hund bei Fuß auf einem Weg – Sie sind an der Außenseite –, und eine Gruppe Spaziergänger kommt entgegen. Lassen Sie den Hund auf die andere Seite gehen, solange die Gruppe noch nicht zu nah ist. Je reizvoller und je näher die Ablenkung ist, wenn Ihr Hörzeichen kommt, umso mehr Beherrschung und Konzentration des Hundes ist gefragt.

Noch mehr Können erfordert es, wenn beispielsweise ein an der Leine pöbelnder Artgenosse kommt, Sie Ihren Hund deshalb auf die andere Seite wechseln lassen und auch dort Leute gehen. Es gibt eben immer neue Herausforderungen.

Am Fahrrad beginnen Sie im Stehen. Sie stehen links vom Fahrrad, das rechte Bein ist auf dem rechten Pedal oder am Boden. Nun klopfen Sie sich mit der rechten Hand ans rechte Bein und geben Ihr Hörzeichen. Der Hund kommt an Ihre Seite und setzt sich. Kennt Ihr Vierbeiner das Laufen am Fahrrad an sich schon, wiederholen Sie das Hörzeichen und fahren los. Ist es für ihn neu, schieben Sie das Fahrrad zunächst und nehmen ihn an die Leine. Bauen Sie das Laufen rechts am Fahrrad so auf, wie auf Seite 116, »Gezielt üben«, beschrieben.

Wenn es nicht klappt: Hatte der Vierbeiner die Nase am Boden oder war anderweitig nicht bei der Sache? Dann erreicht ihn Ihr Hörzeichen nicht. Zweifeln Sie daran, ob der Seitenwechsel klappt, vor allem ohne Leine? Das merkt der Hund an Ihrer Stimme und Körpersprache. Seien Sie souverän und geben Sie ihm so Sicherheit. Tut sich Ihr Hund aus der Bewegung noch schwer, halten Sie zum Seitenwechsel kurz an. Klappt das, verringern Sie Ihr Tempo. Zuerst deutlicher, dann immer weniger, bis es klappt, ohne dass Sie langsamer werden.

Wichtig: Trainieren Sie wirklich erst dann ohne Leine, wenn die Übung mit Leine perfekt klappt.

Übung 1 Aus dem normalen Bei-Fuß-Gehen ...

Übung 2 ... auf die andere Seite wechseln.

Übung 3 Am Fahrrad im Stehen beginnen.

Übung 4 Der Hund läuft an der rechten Seite.

Übung **1** Das Spielzeug landet vor dem Hund.

Übung **2** Relaxed, obwohl es über ihn fliegt.

Die Übung »Bleiben im Platz«

Jetzt wird die Ablenkung noch mal erhöht. Im Falle eines Fehlstarts müssten Sie ziemlich schnell reagieren. Je routinierter der Vierbeiner schon ist, desto sicherer gelingt die Übung.

Gezielt üben: Sie brauchen den Lieblingsball Ihres Vierbeiners und eventuell einen Helfer.

▶ Legen Sie den Hund ab und stellen Sie sich einige Meter vor ihn. Je weiter weg Sie sind, umso geringer ist – je nach Hund – Ihre Präsenz und umso weiter Ihr Weg zu ihm, falls Sie das Spielzeug »retten« müssen. Bei einem total relaxten Vierbeiner können Sie weiter weg beginnen, bei einem nervösen oder sehr auf seinen Ball fixierten Hund bleiben Sie die erste Zeit näher dran. Liegt der Hund ruhig, geht's los.

▶ Werfen Sie das Spielzeug höchstens auf halbe Strecke vor den Hund. So liegt es immer noch näher bei Ihnen und lässt Ihnen gegebenenfalls einen kleinen Vorsprung.

▶ Klappt alles, fliegt es immer näher an den Hund. Sollte ein Ruck durch ihn gehen, machen Sie ein, zwei deutliche Schritte auf ihn zu und wiederholen »Platz«. Immer wenn das Spielzeug landet, warten Sie ein paar Momente. Der Vierbeiner sollte ruhig liegen bleiben. Dann holen Sie das Spielzeug.

▶ Bringt ihn diese Übung nicht aus der Ruhe? Perfekt! Dann fliegt das Spielzeug jetzt über ihn und landet hinter ihm.

▶ Postieren Sie zur Vorbeugung einen Helfer in der Nähe des »Landeplatzes«, der es im Ernstfall rasch aufhebt. Je knapper es über den Hund fliegt, umso spannender die Übung.

Schwierigkeitsgrad steigern: Soll das Training noch spannender werden, dann spielen Sie vorher ausgiebig mit dem Hund und seinem Spielzeug. Unmittelbar danach folgt dann diese Bleib-Übung. Das erfordert ein rasches Umschalten vom Hund von Action auf Ruhe.

Umsetzung im Alltag: Sie gehen schwimmen. Ihren Hund möchten Sie mitnehmen, er mag aber kein Wasser oder darf dort nicht hinein? Kein Problem. Legen Sie ihn, bevor Sie schwimmen, auf Ihrer Decke in Blickrichtung Wasser ab. Je weiter vom Ufer entfernt der Hund wartet, umso schwerer die Übung. Dann gehen Sie schwimmen. Sein Mensch im Wasser

Übung **3** Ablegen in ungewohnter Situation.

Übung **4** Artgenosse mit Leckerchen ganz nah.

ist für viele Hunde ein ungewöhnlicher Anblick, der sie schon mal aufgeregt werden lässt. Je länger Sie im Wasser sind, umso schwieriger ist es zunächst für Ihren Hund.

Unterwegs kommt Ihnen ein Hund entgegen, den Sie nicht zu Ihrem lassen wollen. Zum Beispiel, wenn ein Welpe auf Ihren Vierbeiner Kurs nimmt und der es mit Welpen nicht so hat. Oder wenn Ihr Hund wegen einer Prellung nicht toben darf, aber ein frei laufender Artgenosse der Marke »Derwillnurspielen« daherrauscht. In beiden Fällen ist es sehr nützlich, wenn Sie Ihren Hund jetzt ablegen und den anderen Vierbeiner einbremsen können, bis sein Besitzer ihn wieder im Griff hat.

Üben mit anderen Hunden: Damit der Vierbeiner für oben genannte Hundebegegnungen wirklich fit ist, steigern Sie die Bleib-Übung im Platz.

▶ Legen Sie Ihren Hund ab und gehen Sie einige Meter weg.

▶ Ganz nah bei Ihrem Hund raschelt Ihr Trainingspartner mit der Leckerchentüte und gibt seinem Hund etwas oder spielt mit ihm. Achtung bei Hunden, die gegenüber Artgenossen Futter verteidigen! Falls Ihrer dazu neigt, ist es aber für den Alltag

nützlich, wenn er bei ähnlichen Situationen trotzdem liegen bleibt. Beginnen Sie gegebenenfalls mit größerem Abstand.

Variante 1: Bei dieser kniffligen Abrufvariante deponieren Sie beide Hunde nebeneinander und in gleicher Blickrichtung ausgerichtet. Wird nun der sitzende Vierbeiner gerufen, kann das den abgelegten mitziehen. Also aufmerksam bleiben!

Variante 2: Legen Sie den Hund ab und entfernen Sie sich. Der andere Vierbeiner wird parallel dazu und zwischen Ihnen und Ihrem Hund von seinem Menschen gerufen. Er läuft dann direkt vor Ihrem Vierbeiner vorbei.

Wenn es nicht klappt: Ist der Ball gleich zu nah bei ihm gelandet? War der Abstand zu Ihnen oder zum vierbeinigen Trainingspartner zu klein? Dauerte die Übung für Ihren Hund zu lange? Seien Sie nicht zu ehrgeizig, passen Sie den Aufbau Ihrem Hund an. Haben Sie ihn zu spät gebremst? Gehen Sie bei kleinsten Anzeichen aufzustehen entschlossen und mit einem »Platz« auf den Vierbeiner zu. Sagen Sie nicht seinen Namen, falls er das Aufstehen im Sinn hat, sonst animieren Sie ihn nur zusätzlich dazu.

Übung 1 Gehen Sie ein Stück an lockerer Leine.

Übung 2 Dann bleiben Sie abrupt stehen.

Leinenführigkeit

Ein gemächlicher Hund hat wenig Probleme mit der Leinenführigkeit. Anders ist es oft bei sehr aktiven Vierbeinern. Üben Sie immer wieder gezielt das Laufen an der Leine, nicht nur im Alltag. Ein aktiver Vierbeiner muss sich vor längeren Strecken an der Leine auspowern können.

Gezielt üben: Wie gut orientiert sich Ihr Hund an Ihnen? Sie stehen mit dem angeleinten Hund in einer ruhigen Umgebung.

▶ Jetzt gehen Sie mit festem Schritt und stumm los. Sollte er sich gerade auf etwas Interessantes, etwa eine Katze, konzentrieren, schlagen Sie gleich die entgegengesetzte Richtung ein.

▶ Läuft er sofort mit, ohne dass die Leine straff wird, haben Sie ein wichtiges Ziel erreicht – Ihr Hund passt auf, was Sie tun.

▶ Wechseln Sie unterwegs die Richtung mal um 90 Grad, mal um 180 Grad, auch wenn Ihr Hund nicht zerrt. Merken Sie

aber, dass er immer weiter nach vorn geht, sagen Sie »Langsam«. Reagiert er ausnahmsweise nicht, folgt eine prompte 180-Grad-Wendung.

▶ Wird die Leine straff, weil er hinter Ihnen schnüffeln möchte, gehen Sie zügig weiter. Gehen Sie mal schneller, mal langsamer. Zwischendurch bleiben Sie, wenn der Hund nicht vor Ihnen läuft, das eine oder andere Mal relativ abrupt stehen. Super ist es, wenn Ihr Vierbeiner dicht bei Ihnen ebenfalls sofort stoppt und zu Ihnen blickt. Dafür gibt es dann auch einen Belohungshappen. Auch wenn er Sie nicht oder nur kurz ansieht, zeigt es, dass er sich an Ihnen orientiert.

Noch akzeptabel ist es, wenn der Hund zwar stehen bleibt, aber sich mit etwas anderem beschäftigt, etwa interessiert am Boden schnüffelt. Vertieft er sich aber mehr und mehr, gehen Sie gleich in die entgegengesetzte Richtung weiter. Genauso machen Sie es, wenn er gar nicht aufpasst und weiterläuft.

Umsetzung im Alltag: Bei einem Ausflug in die Stadt reicht es, wenn der Hund statt bei Fuß an der lockeren Leine läuft. Scheuen Sie sich aber nicht, den Hund auch im »realen« Alltag durch Umkehren zu korrigieren, wenn er zu weit vor läuft und auf »Langsam« nicht reagiert. Bleiben Sie auch in der Stadt oder bei ähnlichen Unternehmungen immer wieder einmal stehen und ändern Sie die Richtung, damit sich – selbst bei stärkerer Ablenkung – bei Ihrem Hund festigt, in erster Linie Sie im Auge zu behalten.

Üben mit anderen Hunden: Jeder läuft sich zunächst mit seinem Hund – in größerem Abstand zueinander – ein. Sind die Hunde auf Training eingestimmt, nehmen Sie – leicht versetzt – Kurs aufeinander. Sind beide Mensch-Hund-Teams fast auf gleicher Höhe, biegen Sie um 90 Grad nach außen ab, weg von dem anderen Team. Falls der Vierbeiner nicht aufpasst und die Leine straff wird, gehen Sie trotzdem zügig weiter. Wiederholen Sie die Übung so oft, bis die Leine locker bleibt.

Wenn es nicht klappt: Lassen Sie oder andere den Hund doch immer mal an der Leine ziehen? Dann kann die Übung nicht dauerhaft klappen. Gehen Sie zu zögerlich oder zu langsam? Werden Sie unsicher, wenn eine Ablenkung kommt? Schauen Sie immer wieder nach dem Hund oder bleiben stehen, falls er hinten bleibt, etwa um zu schnüffeln? Gehen Sie stets mit entschlossenem Schritt und schauen Sie nach vorn. Da der Hund an der Leine ist, kommt er letztlich sowieso mit. Kehren Sie nicht um 180 Grad um, sondern gehen einen Bogen? Klappt es mit dem anderen Hund nicht? Driftet Ihrer schon nach vorn, bevor Sie auf Höhe des Artgenossen sind, kehren Sie rechtzeitig um oder wenden sich früher ab. Erst wenn die Übung in größerem Abstand klappt, verringern Sie ihn schrittweise.

Übung **3** Ein Stadtbummel an lockerer Leine.

Übung **4** Und genauso an Artgenossen vorbei.

151

Manchmal hilft ein Alternativverhalten. Bevor der Hund beginnt, in die Leine zu beißen, bekommt er etwas zum Tragen.

Hundegerecht Grenzen setzen

Hunde sind Lebewesen und keine Maschinen. Daher kommt es schon mal vor, dass sie etwas nicht so machen, wie gewünscht, oder etwas tun, was nicht erlaubt ist (→ Seite 99). Dann heißt es, dem Vierbeiner zu zeigen, was richtig ist und was nicht. »Dann mag mich aber mein Hund nicht mehr«, denkt so mancher Zweibeiner und bleibt seinem Hund gegenüber unklar. Dabei ist das Gegenteil der Fall. Ein Hund »mag« seinen Menschen mehr, wenn er weiß, woran er ist und was man von ihm erwartet.

Doch wann und wie wirkt man auf den Hund ein? Die Antwort: individuell angemessen und stets kurz, klar und emotionslos – ohne Schimpftiraden. Bei dem einen Hund reicht ein tiefes Räuspern oder »Gscht«, ein anderer braucht zusätzlich einen Schubs oder einen beherzten Griff ins Fell. Das heißt, man muss seinen Vierbeiner gut kennen, damit die Dosis stimmt. Er sollte so weit beeindruckt sein, dass er unerlaubtes Verhalten möglichst mit nur einer Korrektur einstellt bzw. eine Übung danach richtig ausführt. Er darf aber nicht zu stark beeindruckt sein und Sie verängstigt meiden oder bei einer Übung blockieren. Wenn ihm aber Ihre Korrektur egal ist, nimmt Ihr Hund Sie nicht ernst.

1 Nur positiv bestärken?

Aber könnte man nicht einfach das unerwünschte Verhalten ignorieren und nur erwünschtes belohnen? Ein Beispiel: Der Hund liegt auf dem Sofa. Lockt man ihn nun herunter und belohnt ihn für das Verlassen der Couch, lernt er womöglich: »Super! Immer wenn ich die Couch verlasse, gibt's einen Happen.« Oder aber er entscheidet sich dafür, auf der Couch zu bleiben, weil er gerade weder Hunger hat noch spielen möchte, sondern ihm nach einem Nickerchen zumute ist. Befördert man ihn jedoch beherzt nach unten, »denkt« er bei richtiger Korrektur: »Das mache ich besser nicht mehr.« Ein Alternativverhalten zu belohnen, kann aber dann richtig sein, wenn der Hund davor das unerwünschte Verhalten gar nicht erst zeigt. Neigt er zum Beispiel dazu, unterwegs in die Leine zu beißen, geben Sie ihm etwas zum Tragen – aber noch bevor er mit dem unerwünschten Verhalten beginnt.

2 Schwerhörige und Unaufmerksame

Was tun, wenn der Vierbeiner ein Kommando einfach »überhört«? Angenommen, er schnüffelt am Boden und Sie sagen erfolglos „Sitz". Je nach Hundepersönlichkeit kann ein mahnendes Räuspern an Sie erinnern. Aber es kann auch ein Antippen auf den Kopf oder ein Schubser an Schulter oder Hinterhand nötig sein. Bei besonders Dickfelligen auch ein Griff von unten ans Halsband. So muss der »Schwerhöri-

Befolgt der Hund eine ihm vertraute Übung nicht oder beendet sie zu früh, korrigieren Sie ihn und fordern diese ein.

ge« Sie wieder anschauen. Dazu ein erneutes, bestimmtes »Sitz«, und es sollte klappen. Und wenn er eine Übung unterbricht? Dann sollte er rasch und direkt wieder in die ursprüngliche Position gebracht werden. Das kann etwa beim Sitzen vom knurrigen Räuspern bis hin zu einem Griff ans Halsband und Nach-unten-Drücken seines Hinterteils reichen – je nach Persönlichkeit des Hundes. Beim Fuß-Gehen etwa darf es auch, falls nötig, mal ein kurzer, wellenartiger Impuls an der Leine sein. Das schadet dem Hund in keinster Weise. Steht der Vierbeiner gern aus dem Platz zu früh auf, hilft es, sich auf die Leine zu stellen, wenn er liegt (nicht bei ängstlichen Hunden). Und zwar so, dass die Leine im Liegen locker ist, sich aber strafft, wenn er aufsteht. Das ist eine negative Verstärkung. Der Hund kann sich aussuchen, lieber bequem zu liegen und so die unangenehme Einwirkung abzustellen oder unbequem zu sitzen oder zu stehen. Schwieriger wird es, wenn der Vierbeiner nicht kommt. Schimpfen Sie ihn nie für zu spätes Kommen! Denn das verbindet er mit dem Ankommen bei Ihnen. Nehmen Sie ihn besser kommentarlos an die Leine und erinnern Sie ihn durch ein »Hier«, was gemeint war. Wenn möglich, können Sie das, was er tut, statt zu kommen, unterbrechen. Schnüffelt er beispielsweise und es trifft ihn plötzlich eine Handvoll Erde, erschrickt er kurz und schaut. Jetzt kommt Ihr »Hier« noch mal, und Sie bewegen sich von ihm weg.

Achtung: Macht der Hund eine Übung nicht richtig, weil er sie noch nicht kann, Sie nur manchmal konsequent oder zu wenig souverän sind, versteht er Ihre Korrektur nicht!

3 Die Sache mit dem Ignorieren

Ignorieren kann unerwünschtes Verhalten dann beeinflussen, wenn der Hund den Menschen braucht, um sein Ziel zu erreichen. Sie möchten in Ruhe lesen, Ihr Vierbeiner legt Ihnen aber seinen Ball vor die Füße. Wenn Sie den Hund konsequent nicht beachten, wird er mit der Spielaufforderung aufhören. Jede Form der Aufmerksamkeit, zum Beispiel wenn Sie zu ihm sagen: »Jetzt noch nicht, später«, würde ihn dagegen zum Weitermachen animieren.

Aufgeregtes Schimpfen versteht der Hund nicht. Es führt nur dazu, dass Vier- und Zweibeiner sich immer mehr aufregen.

4 Was der Hund nicht versteht

Man ärgert sich, weil der Hund nicht auf unser Rufen hin gekommen ist. Jetzt wird er zur Strafe an die Leine genommen, sofort nach Hause gebracht, und dort wird er dann noch eine ganze Weile ignoriert. Ihre schlechte Laune verunsichert den Vierbeiner zwar, aber er kann sie nicht dem vorausgegangenen Überhören Ihres Rufens zuordnen. An der Leine läuft der Hund zudem jeden Tag, und das soll nichts Negatives für ihn sein. Ihn zur Strafe in die Hundebox zu verweisen, ist genauso sinnlos, ebenso das Streichen einer Mahlzeit. Körperliche Gewalt wie Schlagen und Ähnliches verbietet sich von selbst.

Übung **1** Den Ball erst nur leicht wegkicken.

Übung **2** Nun fliegt der Ball etwas weiter weg ...

Die Übung »Bei Fuß ohne Leine«

Verwenden Sie beide Seiten des Fuß-Gehens nur in Situationen, in denen Sie wirklich diese exakte Position vom Hund möchten. Macht man das nämlich so nebenbei, etwa beim gemütlichen Stadtbummel, wird die Ausführung bald ungenau. Die Folge ist, dass die Übung dann, wenn es notwendig wäre, nicht wirklich funktioniert, weil der Hund gar nicht mehr genau wissen kann, was bei Fuß eigentlich bedeutet. In dieser Stufe kommen schwierigere Varianten und mehr Ablenkung im Alltag dazu. Trainieren Sie auch diese Varianten zunächst in kurzen Einheiten ohne Leine. Erinnern Sie sich an Seite 132 – eine souveräne Körpersprache und eine verbindliche, aber motivierende Stimme sind wichtig, denn Sie wollen hier aktives Mitmachen vom Hund. Auch jetzt gilt: Üben Sie nichts ohne Leine, was nicht schon perfekt funktioniert.

Gezielt üben: Bevor Sie frei bei Fuß üben, stimmen Sie den Vierbeiner an der Leine darauf ein. Ist er im »Aufmerksamkeitsmodus«, lassen Sie ihn sitzen und leinen ihn ab.

▶ Gehen Sie etwa 10 Meter, bleiben Sie stehen und lassen Sie den Vierbeiner sitzen. Er soll dicht an Ihrer Seite und nicht weiter vorn sitzen. Sagen Sie das »Sitz« nicht zu spät (→ Seite 132).
▶ Der Hund sitzt an Ihrer Seite (angenommen links). Wenn Sie jetzt eine Vierteldrehung nach rechts machen, sagen Sie motivierend, aber bestimmt »Fuß«, klopfen sich deutlich ans linke Bein und drehen sich deutlich und zügig um 45 Grad nach rechts. Bleiben Sie an Ort und Stelle und gehen Sie keinen Bogen. Hat das geklappt, gibt es dafür anfangs auch ein Happen.
▶ Linksherum machen Sie es genauso souverän. Wenn Vierteldrehungen kein Problem sind, trainieren Sie auch 180-Grad- und ganze Drehungen um 360 Grad auf der Stelle.
▶ Auch für die Wendungen im Gehen ist es wichtig, dass Sie nicht zögerlich sind. Linksherum können Sie den Hund im Falle eines Falles abdrängen. Rechtsherum legen Sie sich – wie mit Leine – deutlich in die enge Kurve und sagen motivierend und sehr überzeugend »Fuß«.
▶ Belohnen Sie den Hund zunächst jedes Mal direkt nach der Wendung und im Gehen.

Übung **3** ... und Sie wenden um 90 Grad nach links.

Übung **4** Den Weg zum Ball versperren.

Klappen diese Wendungen, werden sie in der folgenden Variation in Kombination mit hoher Ablenkung ausgeführt.

Variante: Trauen Sie sich die folgende Variante nicht gleich ohne Leine. Trainieren Sie sie zuerst mit dem angeleinten Hund. Suchen Sie sich einen »leeren« asphaltierten Weg.

▶ Der Hund sitzt bei Fuß (angenommen links), Sie legen seinen Ball (alternativ eine Kaustange oder Ähnliches) vor sich auf den Boden. Das kennt der Vierbeiner ja schon.

▶ Nun gehen Sie mit »Fuß« los und kicken den Ball vor sich her. Nur so, dass der Ball immer wieder ein Stück vorausrollt.

▶ Einen ungeduldigen Vierbeiner lassen Sie sitzen und zuschauen, bis der Ball etwas Vorsprung hat oder schon liegen bleibt. Erst dann gehen Sie wieder auf den Ball zu.

▶ Läuft der Hund ruhig bei Fuß, während Sie den Ball immer wieder wegkicken? Sehr gut. Jetzt kehren Sie, noch während der Ball rollt, nach links um. Falls der Vierbeiner sich schwer von dem rollenden Ball trennen kann, drängen Sie ihn mit Ihrem linken Bein ab.

▶ Erst wenn das Umkehren nach links ohne Einwirkung klappt,

drehen Sie sich souverän um 90 Grad mit »Fuß« nach rechts um, denn jetzt ist die Seite in Richtung Ball offen, weil Sie nun außen sind. Das könnte den Hund ohne Leine leicht zum Durchstarten verführen.

Hinweis: Falls Sie sich unsicher fühlen und dann entsprechend auf den Hund wirken, engagieren Sie einen Helfer, der den Ball sichert. Dann können Sie vollkommen cool bleiben.

Umsetzung im Alltag: Bauen Sie unterwegs ein paar Übungen ein. Gehen Sie frei bei Fuß über Baumstämme oder lassen Sie den Hund auf Baumstämmen balancieren, meistern Sie zusammen unwegsames Gelände oder laufen Slalom zwischen Bäumen. Das bringt Abwechslung und festigt das Gelernte.

▶ Auch einen Treppenaufgang können Sie nutzen. Gehen Sie dabei am Rand und lassen Sie den Vierbeiner außen laufen. Dann können Sie ihn leicht abdrängen, falls er schneller werden und Sie so überholen würde.

▶ Sie gehen spazieren, und Ihr Hund läuft frei. Da bemerken Sie, dass von hinten ein Radfahrer mit einem angeleinten Hund kommt. Sie rufen Ihren Hund und lassen ihn bei Fuß sitzen,

Übung 5 Frei bei Fuß mit klingelndem Handy ...

Übung 6 ... und wenn jemand mit Hund überholt.

denn die Leine ist gerade in der Tasche verstaut oder der Radfahrer schon so nah, dass zum Anleinen keine Zeit mehr bleibt. Vielleicht klingelt, wie so oft, auch noch das Handy. Kein Problem für den gut ausgebildeten Vierbeiner. Während er an der Außenseite sitzt und Sie telefonieren, kann der Radfahrer unbehelligt vorbeifahren.

Sind Sie beide bereits ein routiniertes Team, brauchen Sie nicht einmal stehen zu bleiben, und der Hund muss nicht sitzen. Dann können Sie mit ihm frei bei Fuß und telefonierend am Wegrand weitergehen. Im Auge haben Sie ihn trotzdem.

Üben mit anderen Hunden: Beide Hunde sind abgeleint. Üben Sie frei bei Fuß in unterschiedlichen Varianten. Beginnen Sie mit einfachen Aufgabenstellungen.

► Ein Hund sitzt oder liegt bei Fuß oder macht eine Bleib-Übung. Sie gehen mit Ihrem Vierbeiner frei bei Fuß am anderen Hund vorbei – sowohl so, dass Sie zwischen den Hunden gehen, als auch Hund an Hund, mit mehr oder weniger Abstand zum wartenden Artgenossen.

► Gehen Sie bei dieser Variante nebeneinander, und zwar so, dass immer ein Mensch zwischen den Hunden läuft. Haben die Vierbeiner gelernt, auf beiden Seiten bei Fuß zu gehen, dann üben Sie auch, dass die Hunde nebeneinander gehen. Gehen Sie und Ihr Trainingspartner sich entgegen – sodass die Vierbeiner außen und innen laufen.

► Knifflig wird es über ein Hindernis. Das kennt der Hund ja schon von Seite 54/55 und 76/77. Dazu gehen Sie und der andere Hundehalter gleichzeitig und aus beiden Richtungen auf das Hindernis zu, darüber hinweg und noch ein Stück geradeaus weiter. Die Hunde gehen außen oder innen. Oder es bleibt einer so stehen, dass sein Hund mit den Vorderpfoten auf dem Hindernis steht, der andere über das Hindernis geht, am anderen Team in gleicher Richtung vorbei oder als »Gegenverkehr«.

Wenn es nicht klappt: Gehen Sie zögerlich los, schauen oder drehen sich zum Hund und warten, ob er auch wirklich bei Fuß mitkommt? So wirken Sie nicht überzeugend. Schauen Sie allenfalls kurz auf den Hund, orientieren Sie sich nach vorn und gehen Sie mit dem Hörzeichen und einem deutlichen Klopfen ans Bein mit festem Schritt los. Läuft der Hund zwar neben Ihnen, aber mit zu großem Abstand? Hängt er hinterher oder läuft zu weit vorn? Ziehen Sie ihn deshalb eventuell häufiger am Halsband zu sich her? Dann festigen Sie erst das Fuß-Gehen vermehrt nur an der Leine. Wenn Sie ihn nämlich am Halsband korrigieren, weicht der Vierbeiner immer mehr aus.

Ihr Hund setzt sich schräg vor Sie, sobald Sie aus dem Gehen stehen bleiben? Dann holen Sie die gelegentlichen Belohnungshappen wahrscheinlich aus der falschen Jackentasche. Verstauen Sie sie auf der Seite, auf der der Hund läuft. Dann festigt sich das richtige Sitzen. Auch wenn die Happen mit der Zeit weniger werden.

Er sitzt beim Stoppen zu weit vorn? Beobachten Sie, wann Sie »Sitz« sagen. Erst wenn Sie stehen? Dann ist der Hund schon weiter vorn, wenn er Sie hört. Mit zunehmender Routine setzt der Vierbeiner sich rechtzeitig von allein, wenn Sie stoppen. Bei Ablenkungen und Übungen mit Artgenossen achten Sie auf den Aufbau des Abstandes. Anfangs zu wenig Abstand lässt die Übung leicht schiefgehen. Maßstab ist immer der Hund, der die Übung noch nicht so gut kann.

Da der Vierbeiner ohne Leine ziemlich rasch woanders sein kann, sollten Sie ihn gut »lesen« können. Je nach Situation wiederholen Sie rechtzeitig »Fuß«, lassen ihn sitzen, drängen ihn ab oder nehmen ihn vorbeugend an die Leine. Wichtig ist, dass er sich nicht »vom Acker« machen kann.

Übung **7** Frei bei Fuß mit Hundebegegnung ...

Übung **8** ... und dabei noch über ein Hindernis.

Die Übung »Bleiben außer Sicht«

Mit am wichtigsten ist es, dass der Vierbeiner zu seiner eigenen Sicherheit wirklich genau an der Stelle liegen bleibt, an der Sie ihn abgelegt haben. Nicht alle Hunde sind gleich. Überlegen Sie deshalb, in welchen Situationen und wie lange Sie Ihren Hund problemlos allein ablegen können.

Gezielt üben: Damit der Vierbeiner für den Alltag gewappnet ist, wird hier noch einmal mit starker Ablenkung geübt.

► Legen Sie den Hund so im Garten ab, dass Sie ihn vom Haus aus beobachten können.

► Etwa zwei, drei Meter vor ihm – die Übung darf nicht gleich zu schwer sein – stellen Sie einen Napf mit ein paar Happen ab oder legen sein Lieblingsspielzeug auf den Boden.

► Gehen Sie dann zurück an die Seite Ihres Hundes.

► Nach ein paar Momenten – der Vierbeiner ist entspannt – sagen Sie »Bleib« und gehen ins Haus. Behalten Sie ihn aber gut im Auge.

► Wird Ihr Hund unruhig, zeigen Sie sich kurz, wiederholen »Platz« und gehen, falls er womöglich schon im Aufstehen ist, deutlich einige große Schritte auf ihn zu. Liegt er nun wieder gelassen, gehen Sie wieder außer Sicht.

► Beenden Sie die Übung, solange er noch ruhig liegt. Möchten Sie ihn belohnen, geben Sie ihm einen Happen, noch während er liegt. Ball oder Napf heben Sie auf und räumen ihn weg.

► Stellen Sie sich nun an die Seite des Hundes und lassen Sie ihn sitzen. Dann lösen Sie die Übung auf, und er bekommt seinen Ball wieder.

Umsetzung im Alltag: Hier wieder ein Beispiel aus der Praxis: Sie walken mit dem Hund auf einem Weg. Es ist relativ warm, der Hund ist nicht mehr der Jüngste oder nicht für Jogging geeignet. Nach einer gewissen Strecke möchten Sie jedoch ein paar Hundert Meter richtig laufen. Sie legen den Hund ein Stück neben dem Weg ab. Ihre Walking-Stöcke daneben. Sie sagen »Bleib« und joggen ein paar Minuten los. Dann kehren Sie wieder zu Ihrem Vierbeiner zurück, und weiter geht es mit dem Walken!

Üben mit anderen Hunden: Auch hier gibt es wieder »Verführungen« pur.

► Legen Sie Ihren Vierbeiner ab und gehen Sie außer Sicht. Ihr Trainingspartner setzt seinen Hund in der Nähe von Ihrem Hund ab und geht dann weg, um seinen Hund zu sich zu rufen. Dabei sollte der Hund an Ihrem Hund vorbeilaufen müssen.

► Nun wird es noch anspruchsvoller. Sie legen Ihren Hund ab und gehen außer Sicht. Der Trainingspartner steht mit seinem Hund bei Fuß in der Nähe. Nun wirft er für seinen Hund einen Ball so, dass der Ball an Ihrem Hund vorbeifliegt, nicht auf ihn zu. Wenn der Ball liegt und Ihr Hund gelassen bleibt, darf der andere Vierbeiner seinen Ball holen und läuft so zweimal an Ihrem Hund vorbei. Danach holen Sie Ihren braven Schüler ab.

Wenn es nicht klappt: Wählen Sie die Abstände groß genug, sodass Ihr Vierbeiner liegen bleibt. Vor allem wenn er nicht nur einmal aufsteht, ist das ein Zeichen, dass irgendetwas nicht passt. Ablenkung zu nah, Dauer der Übung zu lang oder Sie zu weit weg. Auch wenn es bei einem einfacheren Level klappt – wenn es schwerer wird, beenden Sie die Übung früher. Robbt der Hund von seiner Stelle weg? Dann haben Sie das wahrscheinlich schon in den einfacheren Bleib-Übungen »übersehen«. Gehen Sie wieder einige Übungsschritte zurück und arbeiten Sie genau. Rufen Sie den Hund gelegentlich aus dem Platz zu sich? Das kann sich negativ auf ein entspanntes Bleiben, vor allem außer Sichtweite, auswirken. Der Hund kann dann nicht so einfach entspannen und horcht, ob er nicht etwas hört, das so ähnlich wie Ihr »Hier« klingt. Beim Üben mit dem anderen Hund ist wichtig, dass dieser nicht zu Ihrem Hund läuft anstatt zum Ball. Sonst wird das Bleiben sehr schwer.

Übung 1 Außer Sicht abgelegt vor dem Napf.

Übung 2 Ein Artgenosse wird vorbeigerufen.

Übung 3 Warten auf das sportliche Frauchen.

Übung 4 Warten trotz spielendem Artgenossen.

Was tun, wenn es Probleme gibt?

Nicht selten kommt es bei Spaziergängen mit dem Hund zu unangenehmen Zwischenfällen. Wie Sie sich bei den folgenden Problemen richtig verhalten, erfahren Sie hier.

Wenn der Hund jagen geht

Scannt der Vierbeiner seine Umgebung nach Wild, ist es mit erholsamen Spaziergängen nicht weit her. Der Jagdinstinkt ist nicht bei allen Hunden gleich ausgeprägt. Wenn der Hund nach dem Ableinen sofort weg oder schon an der Leine nicht mehr ansprechbar ist, brauchen Sie unbedingt praktische Hilfe durch einen kompetenten Trainer. Bedenken Sie, dass Jagen selbstbelohnend ist. Allein schon das Verfolgen einer Spur gibt dem Hund den Kick. Er muss nicht erst Wild sehen oder gar Beute machen. Deshalb ist oberstes Gebot, den Hund gar nicht erst durchstarten zu lassen. Dazu sind drei Grundvoraussetzungen wichtig: Erstens, dass er Anschluss an Sie hält, zweitens ein zuverlässiger Rückruf und drittens, dass Sie Ihren Hund »lesen« können und bei ersten Anzeichen sofort eingreifen. Solche Anzeichen sind intensives Schnüffeln am Boden, oft nur kurzes Verharren in der Bewegung oder die Nase witternd in die Luft halten. Jetzt heißt es nicht abzuwarten, sondern augenblicklich mittels »Hier«, alternativ »Sitz« oder auch durch Stoppen auf Entfernung zu reagieren und den Vierbeiner sofort anzuleinen und zu belohnen. Mit jeder kleinsten Verzögerung riskieren Sie ein Durchstarten. Hilfreich ist es, wenn sowohl Rückruf wie das Stoppen mit Pfeife (→ Seite 30 und 96) trainiert wurden, da die Pfeife an sich schon besser wirkt als so manche dünne Stimme. Peppen Sie das bereits konditionierte Kommen auf Pfeife zusätzlich auf, indem Sie zuerst aus dem Sitzen heraus Folgendes machen:

▶ Halten Sie gut sichtbar mit beiden Händen den Ball Ihres Hundes vor sich. Nun pfeifen Sie den Hund zu sich.
▶ Ist er auf dem Weg zu Ihnen, fliegt der Ball kurz vor Sie, und wenn der Hund noch in vollem Lauf ist, durch Ihre Beine nach hinten. Der Vierbeiner darf hinterher.
▶ Sobald Ihr Hund den Komm-Pfiff mit dem Ball verknüpft hat, fliegt der Ball nur hin und wieder und vor allem bei Ablenkung. So wird das Kommen auf Pfiff zu einer lohnenswerten Alternative zum Jagen.
▶ Trainieren Sie Gehorsamsübungen (lange genug angeleint!) in Bereichen mit Wildwitterung und auch in Sichtweite von Enten oder Ähnlichem.
▶ Lasten Sie den Hund unterwegs mit einer für ihn reizvollen Alternativbeschäftigung aus, beispielsweise mit Fährtensuche oder Apportieren. Beim Fährtensuchen befindet er sich sowieso an einer langen Suchleine. Aber auch beim Apportieren können Sie ihn, falls nötig, so lange an einer solchen Leine lassen, bis Sie sicher sind, dass er sich voll auf diese Beschäftigung konzentriert. Die Leine muss beim Apportieren aber immer locker sein.
▶ Auch die Handfütterung ist eine Option (→ Seite 127).
▶ Ist Beschäftigungspause, kommt er ebenfalls an die Leine, solange Sie ihn nicht zuverlässig unter Kontrolle haben.

Wenn der Hund lauert

Egal ob angeleint oder nicht – sieht mancher Vierbeiner einen Artgenossen, legt er sich auf die Lauer und geht keinen Meter mehr. Mancher eher weichere Typ möchte dadurch abchecken, wer da kommt, und verhält sich eher unterwürfig. Bei anderen schließt sich eine Spielaufforderung an oder auch ein »überfallartiges«, etwas pöbeliges Stürzen auf den Artgenossen. Das kann vor allem an der Leine nervig sein. Dieses Verhalten des Hundes wird aber vom Menschen oft unbewusst gefördert, indem er selbst langsamer wird, wenn ein anderer Vierbeiner in Sicht ist. Liegt der Hund dann auf der Lauer, bleibt sein Zweibeiner meist auch noch abwartend daneben stehen. Das sagt dem Vierbeiner in etwa: »Mach du mal, ich weiß jetzt auch nicht, was wir tun sollen.« Das ist nicht so günstig. Möchten Sie das Verhalten Ihres Hundes abstellen, müssen Sie Ihres verändern. Und zwar so, dass es zumindest angeleint gar nicht erst zum Hinlegen des Hundes kommt.

▶ Dazu wird in dem Moment, in dem Sie und Ihr Vierbeiner den Artgenossen bemerkt haben, Ihr Schritt besonders entschlossen, und Sie gehen schneller – ohne eine noch so kleine Pause einzulegen.

▶ Nehmen Sie den Hund im Gehen an die Außenseite und gehen Sie in einem Bogen an dem Artgenossen vorbei.

▶ Schauen Sie dabei nicht auf Ihren Hund, sondern nach vorn, auch nicht direkt auf den anderen Vierbeiner. Sie werden sehen, Ihr Hund läuft problemlos mit. Das funktioniert aber wirklich nur dann, wenn Sie schon einige Momente vor dem Hinlegen schneller werden.

▶ Ohne Leine ist es ähnlich. Sie gehen ebenfalls schon, bevor der Hund liegt, zügig und entschlossen weiter und schauen sich nicht mehr nach ihm um. Dann wird er Ihnen folgen. Eventuell nicht gleich beim ersten Mal, aber bald.

Wenn es »kracht«

Nicht immer lässt es sich vermeiden, dass Hunde aneinandergeraten. Unter Rüden sind es meist nur kurze Geplänkel, und dann ist die Sache auch schon erledigt. Unter Hündinnen kommt es zwar seltener zu Auseinandersetzungen, diese können dann aber ernster werden.

Sollten sich die Kontrahenten wirklich verbeißen, müssen alle Halter gemeinsam und gleichzeitig eingreifen.

Dazu packt jeder seinen Hund von oben am Halsband und an einem Hinterbein und zieht ihn weg. Falls vorhanden, trennt auch ein scharfer Strahl aus einem Wasserschlauch die Gegner.

Greifen Sie nicht dazwischen (Bissgefahr!) und schlagen Sie nicht auf die Hunde ein. Die Schmerzen stacheln sie zusätzlich an. Auch Schreien verschlimmert die Lage. Also selbst wenn es schwerfällt: Ruhe bewahren und jede Hektik vermeiden. Achtung! Leinen Sie den Vierbeiner nach der Trennung sofort an!

Wesentlich besser ist es, Raufereien im Vorfeld zu vermeiden. Dazu gehört, den Hunden genügend Raum zu lassen. Stehen sich die Vierbeiner unangeleint imponierend gegenüber, gehen Sie und der andere Halter einfach in die entgegengesetzten Richtungen weiter. Nicht stehen bleiben und warten oder gar zum Hund gehen oder schimpfen. Denn dann knallt es ziemlich sicher zwischen den Hunden. Stehen sich zwei angeleinte Vierbeiner imponierend gegenüber, gehen Sie unbedingt weiter. Nicht womöglich noch schnell die Hunde ableinen, damit sie frei sind. Auch dann kracht es garantiert.

Packen Sie sofort Spielzeug und Futter weg, wenn andere Artgenossen dazukommen. Sonst kann es leicht zu Ausei-nandersetzungen zwischen den Vierbeinern wegen der Verteidigung dieser Ressourcen kommen.

REGISTER

Die **halbfett** gesetzten Seitenzahlen verweisen auf Abbildungen. U = Umschlag, UK = Umschlagklappen

ADRESSEN, DIE WEITERHELFEN

Fédération Cynologique Internationale (FCI), Place Albert 1er, 13, B-6530 Thuin, www.fci.be

Verband für das Deutsche Hundewesen e. V. (VDH), Westfalendamm 174, 44141 Dortmund, www.vdh.de

Österreichischer Kynologenverband (ÖKV), Siegfried Marcus-Str. 7, A-2362 Biedermannsdorf, www.oekv.at

Schweizerische Kynologische Gesellschaft (SKG/SCS), Brunnmattstr. 24, CH-3007 Bern, www.skg.ch

Deutscher Tierschutzbund e. V., Baumschulallee 15, 53115 Bonn, www.tierschutzbund.de

Schweizer Tierschutz (STS), Dornacherstr. 101, CH-4008 Basel, www.tierschutz.com, Beratungsstelle Tel. 0041/61/3659999

Österreichischer Tierschutzverein, Berlagasse 36, A-1210 Wien, Tel. 0043/1/8973346, www.tierschutzverein.at

Deutscher Hundesportverband e. V., Nordstr. 14a, 06886 Lutherstadt Wittenberg, www.dhv-hundesport.de

Berufsverband der Hundeerzieher/innen und Verhaltensberater/innen e. V. (BHV), Auf der Lind 3, 65529 Waldems-Esch, www.bhv-net.de

Forschungskreis Heimtiere in der Gesellschaft, Postfach 110728, 28087 Bremen, www.mensch-heimtier.de, info@mensch-heimtier.de

Industrieverband Heimtierbedarf (IVH) e. V., Emanuel-Leutze-Str. 1b, 40547 Düsseldorf, www.ivh-online.de

Urlaubs-Beratungsservice des deutschen Tierschutzbundes, Tel. 0228/6049627, Mo-Do 10-18 Uhr, Fr 10-16 Uhr

Fragen zur Haltung von Hunden beantworten
Ihr Zoofachhändler und der Zentralverband Zoologischer Fachbetriebe Deutschlands e. V. (ZZF), Tel. 0611/44755332 (nur telefonische Auskunft möglich: Mo 12–16 Uhr, Do 8–12 Uhr), www.zzf.de

HAFTPFLICHTVERSICHERUNG

Fast alle Versicherungen bieten auch Haftpflichtversicherungen für Hunde an. Informieren Sie sich bei Ihrer Versicherung.

KRANKENVERSICHERUNG

Uelzener Versicherungen, Postfach 2163, 29511 Uelzen, www.uelzener.de

Puntobiz GmbH, Immendorfer Str. 1, 50354 Hürth, www.tierversicherung.biz

AGILA Haustierversicherung AG, Breite Str. 6-8, 30159 Hannover, www.agila.de

Allianz, Königinstr. 28, 80802 München, www.katzeundhund.allianz.de

REGISTRIERUNG VON HUNDEN

Deutsches Haustierregister, Deutscher Tierschutzbund e. V., Baumschulallee 15, 53115 Bonn, www.registrier-dein-tier.de

TASSO e. V., Abt. Haustierzentralregister, 65784 Hattersheim, Tel. 06190/937300, www.tasso.net

Internationale Zentrale Tierregistrierung (IFTA), Nördliche Ringstr. 10, 91126 Schwabach, Tel. 00800/43820000 (kostenlos), www.tierregistrierung.de

ADRESSEN IM INTERNET

www.hunde.com Infos rund um den Hund, Diskussionsforum

www.hundeadressen.de Infos zu Sport, Erziehung, Ausbildung, Züchteradressen

www.hundewelt.de Alles Wissenwerte über Rassehunde mit wichtigen Adressen

www.spass-mit-hund.de Mit vielen Ideen rund um Spiele und Beschäftigung

www.hallohund.de Hundemagazin mit Themen rund um den Hund

www.ferien-mit-hund.de Viele Adressen von Hotels, Ferienhäusern und Ferienwohnungen

www.tierklinik.de Informationsportal zur Tiermedizin

BÜCHER, DIE WEITERHELFEN

Birmelin, Immanuel: **Macho oder Mimose.** Gräfe und Unzer Verlag, München

Feddersen-Petersen, Dorit U.: **Hundepsychologie.** Franck-Kosmos Verlag, Stuttgart

Hegewald-Kawich, Horst: **Hunderassen von A bis Z.** Gräfe und Unzer Verlag, München

Ludwig, Gerd: **Hunde. Das große Praxishandbuch.** Gräfe und Unzer Verlag, München

McConnell, Patricia B.: **Das andere Ende der Leine.** Kynos Verlag, Nerdlen

Ruge, Nina/Bloch, Günther: **Was fühlt mein Hund? Was denkt mein Hund?** Gräfe und Unzer Verlag, München

Schlegl-Kofler, Katharina: **Das große GU Praxishandbuch Hunde-Erziehung.** Gräfe und Unzer Verlag, München

Schlegl-Kofler, Katharina: **Welpen-Erziehung.** Gräfe und Unzer Verlag.

Schlegl-Kofler, Katharina: **Trickkiste Hundeerziehung.** Gräfe und Unzer Verlag, München

Schlegl-Kofler, Katharina: **Hundesprache.** Gräfe und Unzer Verlag, München

Schlegl-Kofler, Katharina: **Rückruf-Training für Hunde.** Gräfe und Unzer Verlag, München

Schlegl-Kofler, Katharina: **Hunde-Clickertraining.** Gräfe und Unzer Verlag, München

Winkler, Sabine: **Hunde-Clicker-Box.** Gräfe und Unzer Verlag, München

ZEITSCHRIFTEN

Der Hund. Deutscher Bauernverlag GmbH, Berlin

Partner Hund. Ein Herz für Tiere Media GmbH, Ismaning

Unser Rassehund. Hrsg. Verband für das Deutsche Hundewesen e. V., Dortmund

Dogs. Gruner + Jahr, Hamburg